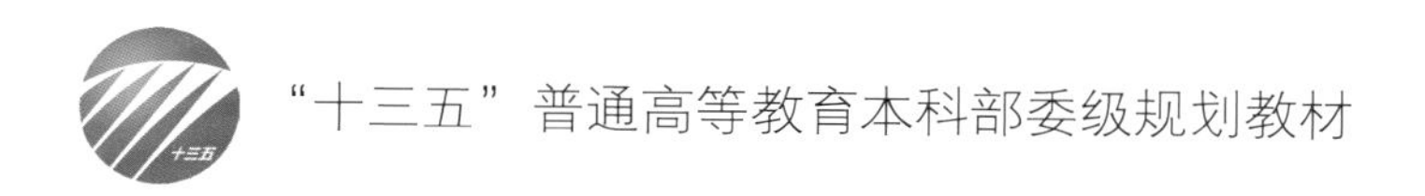

"十三五"普通高等教育本科部委级规划教材

服装材料

陈丽华 编著

CLOTHING MATERIALS

中国纺织出版社有限公司 | 国家一级出版社 全国百佳图书出版单位

内 容 提 要

本书对服装材料进行了全面系统地论述，从服装材料的基本概念及分类入手，围绕服装材料中使用最多的织物的形成及服装材料服用性能与风格特征的影响因素，着重阐述了服用纤维形态结构及基本性能、纱线结构与形态、织物组织结构及染整工艺等，对服用织物的外观及性能的影响。较详细地介绍了常用传统服装面料的风格特征与应用，并对服装材料的鉴别、新型服装材料、常用辅料选配原则与服装材料再造设计作了介绍。

本书注重服装材料的基础知识与实际应用，简明易懂，图文并茂，并附有习题与思考题，可作为高等院校服装设计与工程专业的教材，也可供服装设计人员、服装专业技术人员及服装爱好者参考。

图书在版编目（CIP）数据

服装材料 / 陈丽华编著. -- 北京：中国纺织出版社有限公司，2019.9

"十三五"普通高等教育本科部委级规划教材

ISBN 978-7-5180-6336-9

Ⅰ. ①服… Ⅱ. ①陈… Ⅲ. ①服装—材料—高等学校—教材 Ⅳ. ① TS941.15

中国版本图书馆 CIP 数据核字（2019）第 126662 号

策划编辑：李春奕　　责任编辑：苗　苗　　责任校对：寇晨晨
责任设计：何　建　　责任印制：王艳丽

中国纺织出版社有限公司出版发行
地址：北京市朝阳区百子湾东里 A407 号楼　邮政编码：100124
销售电话：010—67004422　传真：010—87155801
http: //www.c-textilep.com
E-mail: faxing@c-textilep.com
中国纺织出版社天猫旗舰店
官方微博 http: //weibo.com/2119887771
北京华联印刷有限公司印刷　各地新华书店经销
2019 年 9 月第 1 版第 1 次印刷
开本：889×1194　1/16　印张：8.5
字数：198 千字　定价：59.80 元

前言

P R E F A C E

服装的色彩图案、材质风格、款式造型是服装构成的三大要素，其中，服装的色彩图案与材质风格是由服装材料直接体现的，而服装的款式造型也是通过服装材料来实现的。完美的服装不仅要有满意的款式造型、和谐的色彩与精美的图案，还必须选择恰当的服装材料，随着生活质量的提高，人们已从以往追求服装款式的新颖多变，转变为追求服装的舒适性、保健性、功能性及个性风格，由此可见，服装材料是服装设计创意的体现，是完成服装制作的最基本的物质条件。

服装材料是服装设计师诠释服装流行主题的载体，是个性化、舒适性、保健性、功能型及生态环保可持续性服装的物质基础，因此，越来越受到关注。服装设计师或服装工艺师，必须学习服装材料知识，熟悉和掌握各种服装材料的服用性能与风格特征及其生态性与可持续性，才能在服装设计与制作中合理地选择、巧妙地运用和再造设计服装材料，或者根据自己的创作意图参与研发新的服装材料，来实现自己的创意。

本书注重服装材料的基础理论与实际应用，简明易懂、图文并茂，有助于读者全面系统地学习服装材料学知识，掌握服装材料的服用性能及其应用。本书可作为高等院校服装设计与工程专业的教材，也可作为服装专业人士及服装爱好者的参考书。

由于水平有限，时间仓促，谬误之处在所难免，敬请读者指正。

编著者

于北京服装学院

2019年3月8日

目录

C O N T E N T S

CHAPTER 1

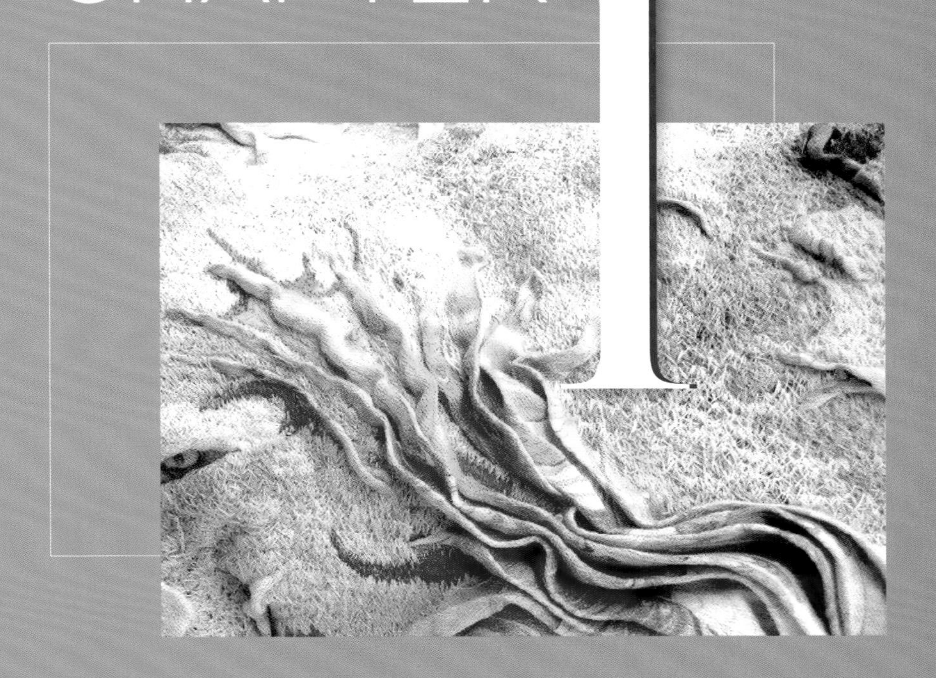

第一章
服装材料概述

第一节 服装材料的基本概念与分类

一、服装材料的基本概念

服装材料是可用于构成服装的所有材料。如西服，它需要面料，还需要里料、衬料、垫料、扣、缝纫线，还有各种标签、吊卡和包装材料等，这些材料都是服装材料。

二、服装材料的分类

服装材料的种类繁多，为了系统地了解服装材料，在服装设计制作中更好地选择和运用服装材料，对其进行如下分类。

（一）按服装材料的用途分类

按材料的用途，一般可分为服装面料和服装辅料。

1. 服装面料

服装面料是指构成服装表面的主要用料，对服装造型、外观风格及服用性能起主要作用。如精纺毛料西装、粗纺毛呢大衣所用的布料，皮衣所用的裘皮、皮革。

服装面料能体现服装的总体特征，包括服装的造型、风格、性能等。

在设计服装的造型时，应充分考虑不同服装面料的造型特征。轻盈、飘逸的服装造型，要选择轻薄、柔软的服装面料。柔软、悬垂的服装造型，一定要选择柔软、悬垂性的服装面料；平直、挺拔的服装造型，应选择细腻、柔和、挺括的服装面料；合体、紧身的服装造型，应选择柔软、伸缩性较好的服装面料。只有合理地选择能够表现服装造型风格的面料，才能使服装的设计构思通过服装面料真正体现出来。

在塑造服装的风格时，应考虑到不同服装面料的外观风格，包括色彩、图案、光泽、表面肌理、质地、造型能力等给人的不同感觉，形成各种不同的服装风格。不同的服装风格应采用不同的服装面料。如设计自然、朴素、粗犷的服装风格，应选择光泽较弱、朴实粗犷、原始风格的服装面料；设计精巧、细致、端庄的服装风格，应选择色光优雅、平整细洁、高雅风格的服装面料；设计悠然、闲适、自在的服装风格，应选择柔软舒适、随意风格的服装面料。

服装面料不仅要满足服装外在美的要求，还要满足服装内在性能的要求，达到完美的统一。不同种类的服装对面料性能要求是不同的，有的以舒适为主，有的强调坚牢耐用，有的注重外观的华丽。如内衣要求面料柔软光滑、吸汗透湿、伸缩自如等；外衣要求面料色彩图案赏心悦目，造型美观；冬装要求面料轻便、保暖、吸汗；夏装要求面料轻薄、吸汗透湿、凉爽舒适等。

因此，服装面料应能够满足各种各样服装的要求，能够塑造各种各样风格、形象的服装，体现服装不同的外观和内涵，满足人们对服装舒适、美观和实用的需求。

2. 服装辅料

服装辅料是指构成服装时，除面料以外的所有用料。

服装辅料的种类很多，不同的服装辅料有不同的作用。辅料包括：里料、衬料、垫料、填充料、纽扣和拉链及绳带等扣紧材料、花边及亮片等装饰材料、缝纫线、商标带、号型尺码带、成分标签、使用说明牌及各种包装材料等（图1-1～图1-7）。

（1）醋酸绸

（2）铜氨绸

图1-1 里料

图1-2 衬垫料

图1-3 填充料

（1）纽扣

（2）拉链

（3）绳带

图1-4 扣紧材料

图1-5　花边

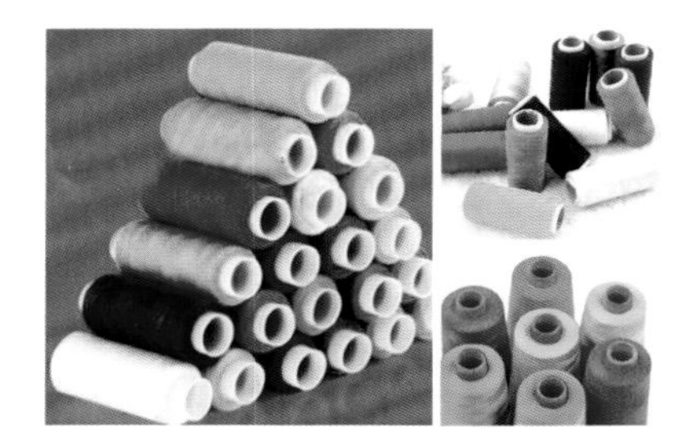

图1-6　缝纫线

图1-7　商标带

随着服装的发展，辅料的作用越来越重要，服装的许多造型和风格需要辅料的配合来实现。如轻薄型的西装，除了选择轻薄、细腻、高雅、时尚的服装面料，还必须选择较流行的轻薄、柔软、光滑的里料和轻巧柔软、造型性能好的衬垫料，才能达到设计的最佳效果。

服装辅料必须根据面料的特点、服装的要求进行选择，必须与服装面料相协调，否则，不但不能发挥辅料应有的作用，还将破坏服装的整体效果。如高档的皮革服装，采用低档的里料，必定降低服装的档次，使服装应有的形象受到损害；轻薄柔软的面料，采用厚实挺括的衬料、垫料，不但达不到服装造型的目的，反而会破坏服装的形象；朴素、自然、乡村风格的服装，选择具有浓郁乡村气息的蓝靛花布，却采用精致、华丽的纽扣，也达不到服装设计的最佳效果。

因此，服装辅料虽然对服装的构成起辅助作用，但是对服装特别是现代服装来说，却不可忽视。

（二）按服装材料的属性分类

按材料的属性，一般可分为纤维制品、裘革制品及其他制品（图1-8）。

用于服装面料的材料主要有机织物、针织物，还有少量的编织物、非织造织物和复合织物等纤维制品以及天然裘皮和皮革制品。

纤维制品也是服装辅料的主要材料，如机织物、针织物的里料；机织物、针织物及非织造织物的衬料等。裘革制品在服装里料中也有一些应用，如羊羔皮里子，也可用于服装的局部装饰，如衣领、袖口等。

其他制品大多用于服装辅料，如纽扣、拉链、吊牌及包装材料等，也用于服装面料，如雨衣的塑料薄膜、泡沫制品的复合面料。

- 服装材料
  - 纤维制品
    - 纺织制品
      - 织物：机织物、针织物、编织物（包括织带、花边、网布）
      - 其他：缝纫线、绣花线、编织线、绳带
    - 集合制品：非织造织物、毡、絮、纸
    - 复合制品：涂层布、层压布、黏合布、绗缝布、人造皮革等
  - 裘革制品：天然裘皮、天然皮革
  - 其他制品：金属、塑料、泡沫、木、竹、石、贝、骨、橡胶等

图1-8　不同属性的服装材料

第二节　服装材料学的主要研究内容

服装材料学是研究各种服装材料的服用性能、风格特征及其选择与运用的科学。

本课程主要研究纤维原料、纱线结构、织物组织结构及染整工艺等对服装材料服用性能和外观风格的影响，常用传统面料的风格特征及用途，常用辅料的种类、特性及选配原则，服装材料的鉴别与运用，服装面料再造设计的常用方法及当今流行的服装材料。

一、织物的形成

随着科技的发展和人们对服装要求的变化，服装材料越来越多，并且大多数是纤维制品，而且是纤维制品中的各种织物。织物形成的因素主要有纤维种类、纱线种类与结构、织物种类与组织结构及加工工艺等。由于所用纤维原料、织造方式和工艺不同，织物的质地也各具特色，不同的织物质地具有不同的风格。

首先根据织物不同的用途，选择不同的纤维原料，经过纺纱加工制成一定结构的纱线，采用机织、针织、编织等不同的构造方式，选择合理的组织结构织成坯布，再经过染整加工，以改善织物的外观和手感，提高织物的服用性能及产品附加值（图1-9）。

图1-9　织物的形成因素

织物从如下几方面具体分类。

（一）按织物的构成方式分类

按织物的构成方式可分为机织物、针织物、非织造织物及复合织物。

1. 机织物

是由相互垂直的经纱和纬纱按一定的组织交织而成的织物（图1-10）。机织物生产工艺流程长，结

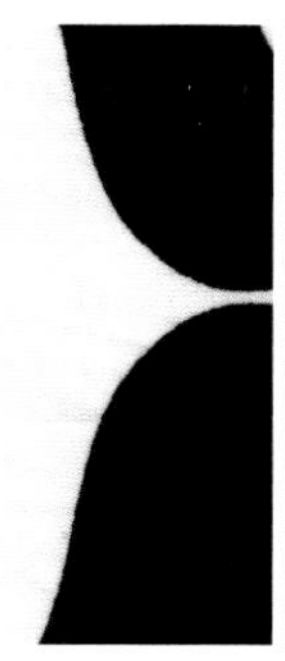
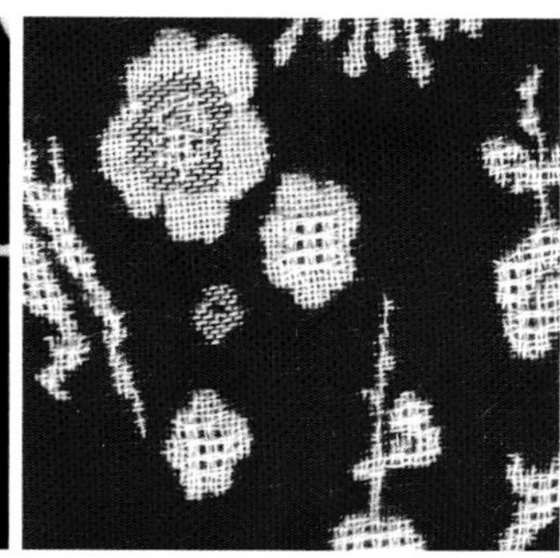

图1-10　机织物

构紧密，形态稳定性好，但柔软性、悬垂性、伸缩性较针织物差。

2. 针织物

是由织针将纱线弯曲成线圈并使之相互串套连接而形成的织物（图1-11）。针织物生产工艺流程短，生产效率高，质地松软，有较大的伸缩性，悬垂性、抗皱性和透气性好，但易变形，易勾丝，易脱散。

3. 非织造织物

一般是不经传统的机织或针织工艺过程，由短纤维或长丝铺制成网或纱线铺制成层，再经过机械、化学或热熔方法加固而形成的织物，或称不织布（图1-12）。非织造织物生产周期、流程短，成本低，产量高，原料来源广，种类多。

随着非织造织物生产技术的迅速发展，人们对服装材料要求的提高，其在服装领域的应用越来越广，被誉为机织、针织之后的纺织第三领域。目前，已广泛用于仿山羊皮、仿麂皮、缝编衬衫料等服装面料，热熔黏合衬、肩垫、胸垫等服装辅料，“用即弃”衣裤料、围裙等。但目前非织造织物的外观缺少艺术感，没有机织物和针织物那种吸引人的织纹，而且

图1-11 针织物

在悬垂性、弹性、强伸性、不透明度、质感等方面，与服装面料的要求有一定距离。所以非织造织物尚不能完全取代传统的纺织织物。

4. 复合织物

是指用纺织品及其他材料，经过涂敷、黏合或绗缝而成的织物。如涂层织物（图1-13、图1-14）、层压织物、黏合织物（图1-15）、绗缝织物（图1-16）及人造皮革（图1-17）等。

（二）按织物的原料组成分类

按织物的原料组成可分为纯纺织物、混纺织物及交织物。

1. 纯纺织物

是指采用同一种纤维的纯纺纱线而织成的织物，如纯棉织物，主要特点是体现了其组成纤维的基本性能。

2. 混纺织物

是指采用两种或两种以上纤维的混纺纱线而织成的织物，如毛/腈50/50混纺织物，主要特点是体现所组成原料中各种纤维的优越性能，取长补短，以提高织物的性能并扩大其适用性。

3. 交织物

是指经纱和纬纱采用不同纤维的纱线或同种纤维不同类型的纱线而织成的织物，如经纱为蚕丝或人造丝、纬纱为棉纱的纬绨。其基本性能是由不同种类的纱线决定，一般具有经纬向各异的特点。

（三）按织物的印染加工分类

按织物的印染加工可分为原色织物、漂白织物、印染织物、色织物及色纺织物。

1. 原色织物

又称本色织物，主要指未进行印染加工而保持纤维原色的织物。大部分用作印染加工的坯布。

2. 漂白织物

是以白坯布经练漂加工后而获得的织物。

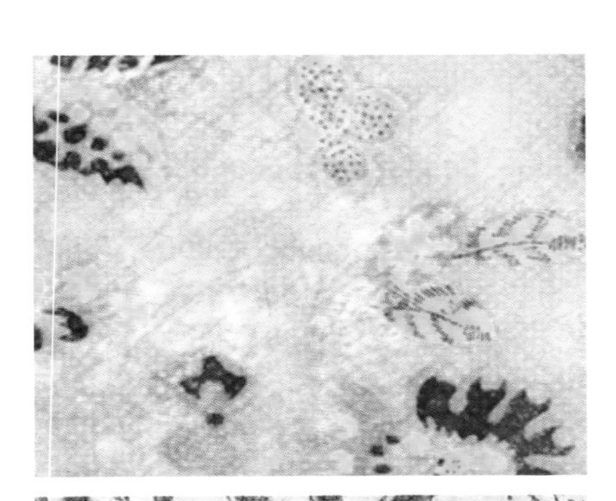
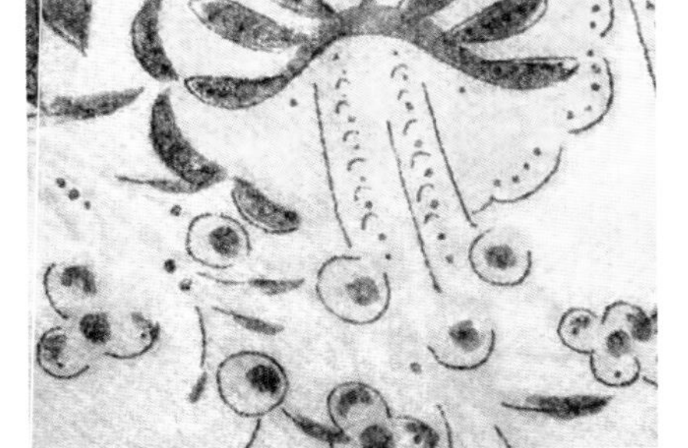

图1-12 非织造物

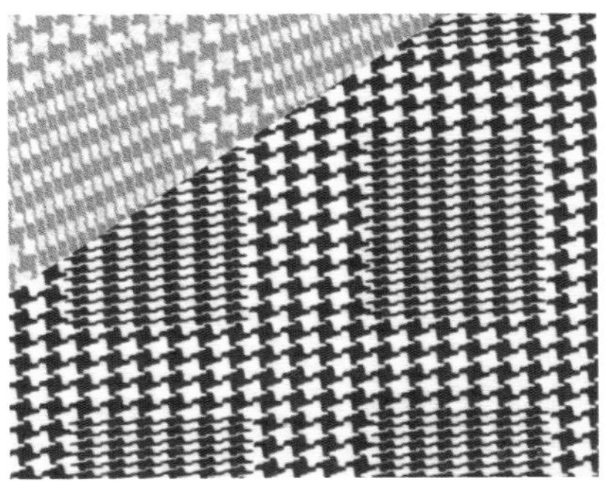

图1-13 针织涂层织物

图1-14 机织涂层织物

图1-15 黏合织物

图1-16 绗缝织物

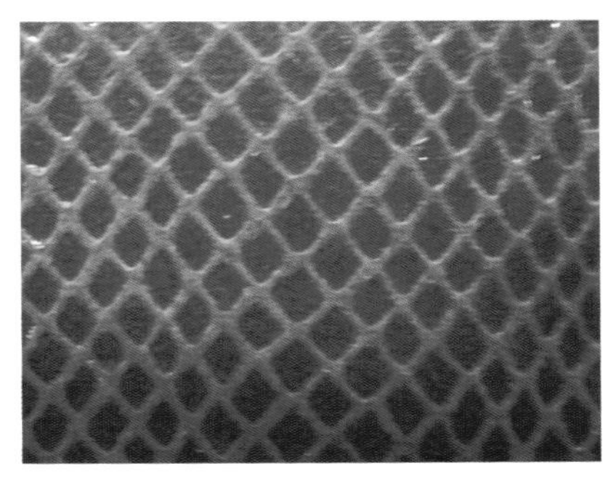

图1-17 人造皮革

3. 印染织物

是指白坯布经练漂加工后进行印花或染色而获得的织物。

4. 色织物

是指纱线染色后而织成的各种条、格及小提花织物（图1-18）。

5. 色纺织物

先将散纤维或纱条染色再纺成纱线而织成的织物。

人们潜心于服装面料的图案及色彩设计、纱线的运用、组织结构的配置、后整理工艺等的创新，是为了能有更多有特色、有个性、有韵味、有时代特征的服装材料以满足人们的穿着需要，各种面料的质地、手感、图案让设计师有了广阔的创造选择空间。

随着高新技术的不断发展，好的面料不仅要寻求与服装款式的最佳搭配，同时也应当是技术、艺术与市场的完美结合和统一。健康舒适、特殊功能、生态环保是人们对服装的新需求。

二、服装材料的服用性能和风格特征的影响因素

服装材料的服用性能是指服装材料在穿着和使用过程中为满足人体穿着需要所必须具备的性能。它包括外观性、舒适性、耐用性和保养性等。服装材料的风格特征是指人的感觉器官对服装材料所作的综合评价。

服装材料从纺织纤维经过纺织加工，再到成品织物需要经过一系列加工过程，并且每个工艺过程对产品的最终服用性能和外观风格都起着非常重要的作用。

了解织物生产的各个环节对其服用性能和外观风格的影响，以及当今新材料、新工艺、新方法，再面对诸多的新型服装材料，就能比较深入和准确地把握其性能和特点。

三、服装材料的选择及应用方法

目前对服装材料的选择与运用主要有“材料应用设计法”和“目标设计法”。

“材料应用设计法”是根据服装材料的服用性能和风格特征来设计制作相应款式服装的方法。服装的设计只能在现有面料的条件下，根据对面料性能、特征的了解，进行服装材料的再创造，以满足服装造型和风格的需要。这种方法的特点是会使设计师的创造性受到限制。

“目标设计法”设计的程序是从服装到材料，根据服装的款式、风格、服用性能和穿着者的特性，去设计或选择材料，再由材料到服装的全方位设计过程。它是当前比较合理和完美的服装设计方法，为世界上大多数服装设计师所采用。这种方法的特点是能够最准确地再现设计师的设计思想，有利于服装功能的发挥，有利于个性服装的诞生。我国现有的服装设计方法以“材料应用设计法”为主，逐渐向“目标设计法”的方向发展。

不论是采用“材料应用设计法”还是“目标设计法”，服装设计师都需要学习服装材料的基本知识，熟悉和掌握各种服装材料的服用性能及风格特征，在服装设计中能合理地选择与巧妙地运用服装材料来表现自己的设计意图，以创造出舒适、美观、个性化、环境友好且符合可持续发展要求的服装，或根据自己的创作意图参与研发新型服装材料。

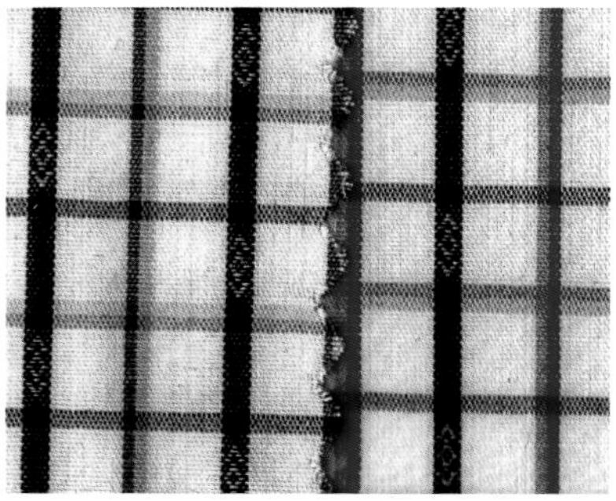

图1-18 色织物

习题与思考题

1. 什么是服装材料？服装材料按其用途和材料属性如何分类的？
2. 机织物、针织物、非织造织物及复合织物的结构、特性及用途有何不同？
3. 名词解释：纯纺织物、混纺织物、交织物、色织织物。
4. 学习服装材料有何重要意义？

第二章
服装用织物的形成

第一节 纤维

由于日常生活中的服装材料，主要是纤维制品，特别是纤维制品中的纺织织物，它是构成服装最主要的材料，是选择与运用服装材料的关键。由于纤维原料的不同，织物的外观风格和服用性能都有很大差别，因此在选择与运用时，要特别注意服用织物的纤维原料成分，以合理地选择与巧妙地运用服装材料，设计出美观、舒适及实用的服装。因此，本节主要介绍纺织纤维的相关知识。

一、纺织纤维的分类

纤维是直径很小、长径比很大的细长物质。纺织纤维是指能够用于纺织加工而生产出纺织制品的纤维。服用纤维是指用于生产服装的纺织纤维。

随着科学技术的发展，用于服装的纤维种类很多，一般按纤维的来源和纤维的长度来分类。

（一）按纤维的来源分类

按纤维的来源可分为天然纤维和化学纤维两大类（图2-1）。纤维的名称与代号，如表2-1所示。

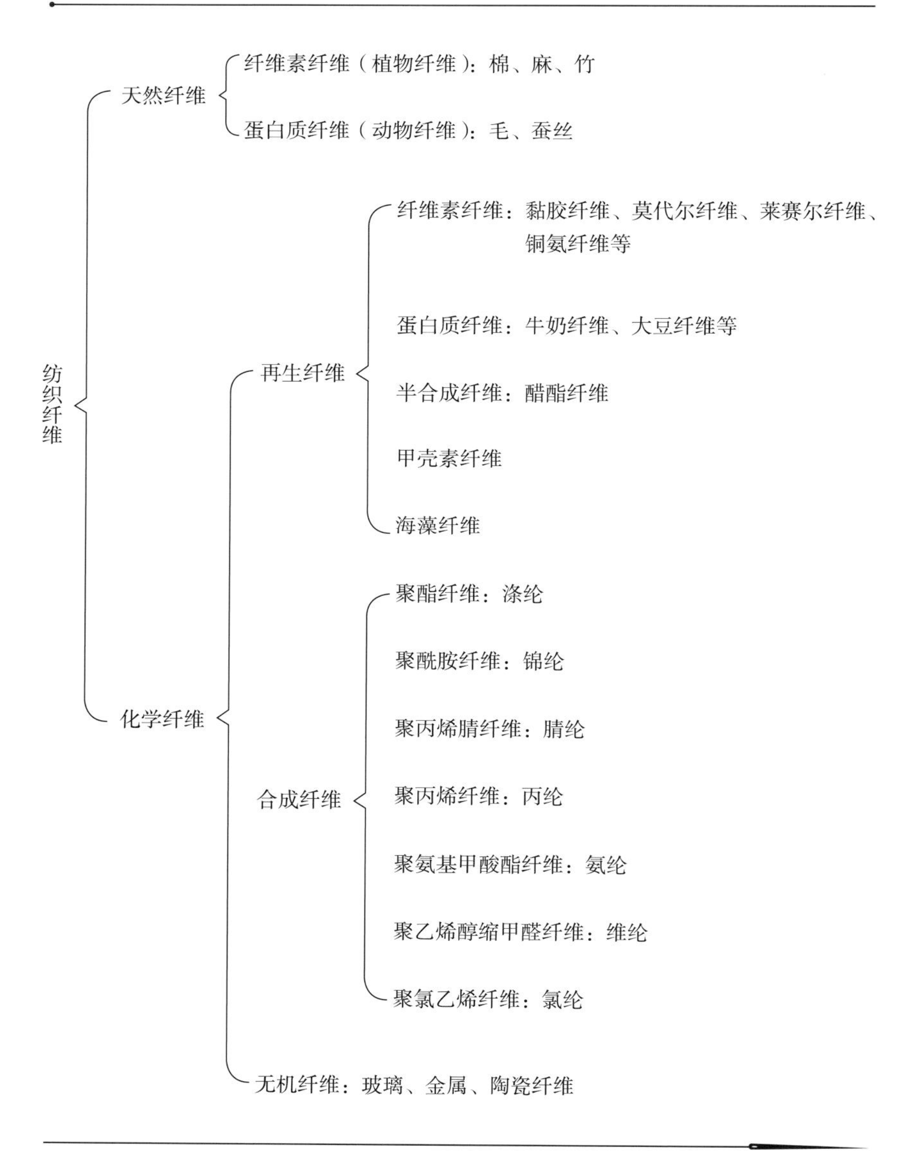

图2-1 纺织纤维的分类

表2-1 纤维的名称与代码

种类		中文署名	英文署名	代码
天然纤维	种子纤维	棉	cotton	C
	韧皮纤维	亚麻	flax	L
		苎麻	ramie	Ram
		大麻（汉麻、火麻）	hemp	Hem
		罗布麻	bluish dogbane	
		竹纤维	bamboo	B
		黄麻	jute	J
		蓖麻	castor	
	叶纤维	蕉麻	abaca	
		剑麻	sisal	
		菠萝叶纤维	pineapple leaf	Pina
	果实纤维	椰壳纤维	coir	
	毛发纤维	绵羊毛	wool	W
		羊驼毛①	alpaca	AL
		山羊绒①	cashmere	WS
		马海毛①	mohair	M
		骆马毛①	vicuna	
		牦牛毛或绒①	yak	YH
		兔毛②	rabbit	RH
		安哥拉兔毛①	angora	
		骆驼毛或绒①	camel	CH
	丝纤维	桑蚕丝	silk	S, Ms
		柞蚕丝③	tasar	Ts
		蓖麻蚕丝③	eri	
		木薯蚕丝③	cassava	
化学纤维	再生纤维	黏胶纤维	viscose, rayon	CV, R
		莫代尔纤维	modal	CMD
		莱赛尔纤维	lyocell	CLY
		醋酯纤维	acetate	CA
		三醋酯纤维	triacetate	CTA
		铜氨纤维	cupro	CUP
		海藻纤维	alginate	ALG
		甲壳质纤维	chitin	CHT
	合成纤维	聚酯纤维（涤纶）	polyester	PES, T
		聚酰胺纤维（锦纶、尼龙）	polyamide, nylon	PA, Ny
		聚丙烯腈纤维（腈纶）	acrylic	PAN, A
		聚丙烯纤维（丙纶）	polypropylene	PP
		聚乙烯醇纤维（维伦）	vinylal	PVAL
		聚氯乙烯纤维（氯纶）	chlorofiber	CLF
		聚氨酯弹性纤维（氨纶）	elastane, spandex	EL
		聚乳酸纤维	polylactide	PLA
		芳香族聚酰胺纤维（芳纶）	aramid	AR
	无机纤维	碳纤维	carbon fiber	CF
		玻璃纤维	glass fiber	GF
		金属纤维	metallic fiber	MTF
		陶瓷纤维	ceramic fiber	CRF

①英文属名后可加词缀“hair”和“wool”。②英文属名后可加词缀“hair”。③英文属名后可加词缀“silk”。

1. 天然纤维

天然纤维是从自然界的植物、动物等中获取的纺织纤维。按其来源分为植物纤维、动物纤维等。

（1）植物纤维（天然纤维素纤维）：其主要组成物质是纤维素。植物纤维根据取自不同植物生长部位而分为种子纤维、韧皮纤维、叶脉纤维和果实纤维。植物纤维主要有棉纤维和麻纤维。

（2）动物纤维（天然蛋白质纤维）：其主要组成物质是蛋白质。动物纤维包括取自动物毛发中的毛发纤维和由昆虫丝腺分泌物取得的丝纤维。动物纤维主要有羊毛和蚕丝。

2. 化学纤维

化学纤维是除天然纤维以外，由人工制造的纤维。它是用天然的或合成的高分子物质或无机物为原料，经过化学和物理加工而制成的纤维（有些国家称其为人造纤维），如图2-2所示。化学纤维根据原料来源和制造方法的不同可分为再生纤维、合成纤维和无机纤维。

（1）再生纤维：是以天然聚合物（纤维素、甲壳素、蛋白质及海藻等）为原料，经过一系列化学和物理加工而制得的化学纤维。

再生纤维素纤维：以天然纤维素为原料，经纺丝过程制得的化学纤维。主要包括黏胶纤维、莫代尔纤维、莱赛尔纤维、铜氨纤维等。

半合成纤维：由天然高分子经化学处理，使大分子结构发生变化制得的化学纤维。如以天然纤维素为原料经过化学反应转化成醋酸纤维素酯制得的醋酯纤维。

再生蛋白质纤维：由天然蛋白质生产下脚料混合抽丝或接枝在其他高聚物上，采用湿法纺丝工艺制得的化学纤维。主要包括牛奶蛋白纤维、大豆蛋白纤维、丝蛋白纤维、花生纤维、胶原蛋白纤维、蚕蛹蛋白纤维、仿蜘蛛丝纤维等。

甲壳素纤维：以甲壳质及其衍生物为原料，通过湿法纺丝制得的化学纤维。包括甲壳素纤维、壳聚糖纤维。

海藻纤维：指以从海洋中一些棕色藻类植物中提取的天然高聚物海藻酸盐为原料，通过湿法纺丝制得的化学纤维。

（2）合成纤维：以有机单体等化学原料合成的聚合物制成的化学纤维。它是以石油、煤和天然气等制得的低分子化合物为原料，经过一系列化学加工合成高聚物，再经过化学和物理加工而制成的纤维。合成纤维主要有涤纶、锦纶、腈纶、丙纶、氨纶等。

（3）无机纤维：以无机原料制成的纤维，如玻璃、金属、陶瓷纤维等。

（二）按纤维的长度分类

按纤维的长度可分为长丝和短纤维。

1. 长丝

长丝指连续长度很长的单根或多根丝条，长度一般以千米计。长丝包括天然蚕丝和化学纤维长丝（图2-3）。蚕丝具有足够长度，一个蚕茧可缫出蚕丝800～1000m；而化纤长丝可按需要制成任意长度。

化学纤维长丝的命名，在名字后面加“丝”字，如涤纶丝、黏胶丝等。

2. 短纤维

棉、毛和麻纤维为天然短纤维，化学纤维为了制织不同风格的产品，可加工成短纤维，如棉型纤维、毛型纤维、中长型纤维（图2-4）。

图2-2 化学纤维纺丝

图2-3 化纤长丝

图2-4 化纤短纤维

人造纤维的短纤维，简称“纤”，如黏纤、醋纤等；合成纤维或其短纤维，简称“纶”，如涤纶、锦纶等。

（1）棉型纤维：指长度约为30～40mm，线密度为1.67dtex左右，长度和细度与棉纤维相似的纤维。棉型纤维可在棉纺设备上加工生产，用来仿制棉织物的风格特征。

（2）毛型纤维：指长度约70～150mm，线密度为3.33dtex以上，长度和细度与天然毛纤维相似的纤维。毛型纤维可在毛纺设备上加工生产，用来仿制羊毛织物的风格特征。

（3）中长型纤维：指长度约为51～76mm，线密度为2.20～3.33dtex，长度和细度介于棉型纤维和毛型纤维之间的纤维。中长型纤维可在棉纺或中长设备上加工生产，用来仿制毛织物的风格特征。

二、纺织纤维的形态特征和基本性能

纺织纤维是构成纺织织物的最基本原料，纤维的形态特征和基本性能将直接影响服装的风格特征、基本性能及加工特性。了解和掌握纺织纤维的形态特征和基本性能，对服装及其材料的选择、使用和保养，服装的设计及加工都有非常重要的意义。

（一）纺织纤维的形态特征

纺织纤维的形态特征主要是指纤维的长度和细度及在显微镜下可观察到的横截面形状和纵向特征，以及纤维内部存在的各种缝隙和孔洞等。

1. 细度

纤维的细度是衡量纤维品质的重要指标。它直接影响所纺纱线的细度及品质和织物的风格特征及性能。纤维越细，手感越柔软，可纺的纱线也越细，制织的织物越精细、越轻薄柔软；在同等纱线粗细的情况下，纱线的强力等品质越好。棉花、羊毛等天然纤维的细度不同，其价格和使用价值也不同，而化学纤维的细度在其生产时可根据需要而定。

2. 长度

纤维的长度也是一项重要的物理指标。它直接影响纱线的质量及外观和织物的手感及风格等。长丝织物表面光滑，质地轻薄；而短纤维织物的外观比较丰满，有毛羽。

从理论上讲，蚕丝和化纤长丝可以无限长，化纤短纤维的长度也可根据用途而定。但棉、毛、麻纤维的长度则是一项重要指标，相同细度的纤维长度越长，品质越好，纱线的强力和条干均匀度越高，纱线及织物的质量就越高。

3. 横截面形状和纵向特征

纤维的横截面形状和纵向特征对纤维的光泽、摩擦、加工性、蓬松性、手感、吸湿性、可纺性及纱线与织物的外观风格和性能有显著的影响，如吸湿透气性、起毛起球性等。

在显微镜下观察，不同纤维纵向和横截面有明显的差异。常见纤维的形态特征，如图2-5所示。

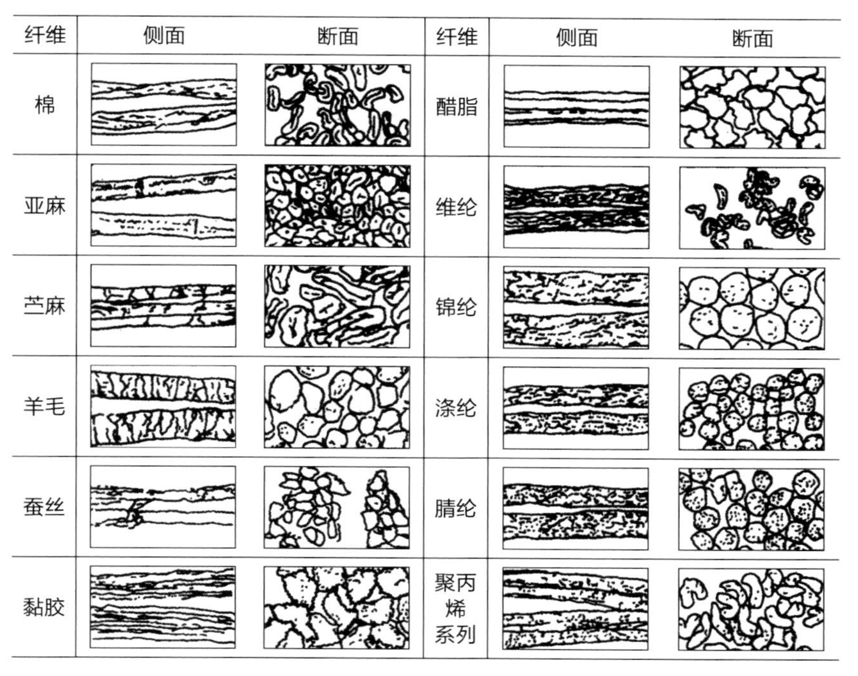

图2-5 常见纤维的形态特征

棉纤维纵向呈扁平带状，有天然转曲，因而抱合性好，易加工，织物不易起毛起球；横截面呈腰圆形，有中腔，织物的保暖性较好。麻纤维表面有横节和竖纹，亚麻横截面呈多角形，中腔较小，而苎麻横截面呈腰圆形，有中腔及裂纹；麻纱线有粗细节，故麻织物表面不光滑，透湿、放湿性好。毛纤维横截面近似圆形，有髓腔，表面覆盖有鳞片，它是羊毛缩绒性的主要原因；纵向有天然卷曲，对织物的覆盖性、蓬松性和缩绒性有直接影响。天然蚕丝纵向呈树干状，粗细不匀，横截面为三角形或半椭圆形，故具有优雅的光泽。

化学纤维尤其是合成纤维横截面基本为圆形，表面较光滑、常有蜡状感及金属光泽，纤维质地挺而不柔，具有优良的机械性能和易保养性，但在手感和舒适性方面还存在不足，如易起毛起球、不透气等，为改善合成纤维外观、手感和性能，通过改变纤维的形态特征，如变形丝和异形纤维，其光泽、耐污性、蓬松性、透气性和抗起球等性能均有所改善。

（二）纺织纤维的基本性能

纺织纤维为满足穿着需要，必须具备一些基本性能，如可纺性、吸湿性、拉伸性、弹性、刚柔性、热学性能、抗静电性、耐光性等。

1. 可纺性

可纺性主要指短纤维在纺纱加工时能纺制成具备一定性能的纱的性能。

纤维的长度、细度，横截面形状、纵向特征、表面结构及环境与可纺性有密切关系，纤维的可纺性会影响服装的使用和加工。

2. 吸湿性

吸湿性是指纤维制品在空气中吸收或放出气态水的能力。

纤维的吸湿性对纤维的形态特征、重量、基本性能及加工性有直接影响，它也就直接关系到服装的舒适性、外观形态、轻重和其他性能，如吸湿透湿性、静电性、吸尘性、洗可穿性、缩水性、染色性及色牢度等。因此在商业贸易、性能测试及服装加工中都要注意。

表示纤维吸湿性的常用指标有回潮率（W）和含水率（M）。

回潮率（W）是纤维制品所含的水分质量占其干燥质量的百分率。

含水率（M）是纤维制品所含的水分质量占其湿态质量的百分率。

在我国的现行标准中，除棉和麻纤维、纱线采用含水率外，大多数纤维、纱线采用回潮率衡量其吸湿性。

由于纤维的吸湿性随周围环境的变化而变化，因此，为了正确比较各种纤维的吸湿性，用以下两种方法表示回潮率：

（1）标准回潮率：纺织材料预调湿后，在标准大气中［温度（20±3）℃，相对湿度（65±3）%］达到吸湿平衡时的回潮率。

由于测试条件严格，故数据可信度高，但测试时间长且麻烦。因此在商业上，基本不采用标准回潮率，而采用公定回潮率。

（2）公定回潮率：为了测试计重和贸易计价方便合理，对纺织材料的回潮率所作的统一规定。

公定回潮率与标准回潮率比较接近，用公定回潮率计算出来的质量，称为公定质量。常见纺织材料的公定回潮率，如表2-2所示。

天然纤维和人造纤维具有较高的公定回潮率，因此，织物容易大量吸收人体的汗液，不易起静电，穿着舒适，易于染色，但缩水率较大。而合成纤维吸湿性差，在闷热潮湿的气候下穿着会感到很不舒服，而且在干燥条件下易产生静电，吸尘沾污，服装之间容易纠缠，妨碍人体活动和粘贴皮肤，但洗可穿性较好。同一种纤维，在不同环境的温湿度条件下具有不同的吸湿性。

3. 拉伸性能

纤维在各种外力的作用下会产生各种变形，如在拉伸力作用下会产生拉伸变形。

拉伸性能是纺织纤维重要的性能指标之一，是使其具有加工性能和使用性能的必要条件，它影响服装的耐用性和起毛起球性。

通常，纤维的拉伸强度大，织物的强度也大，但不一定耐用，因为耐用性不仅取决于强度，还取决于延伸性、弹性。如棉纤维的强度大于羊毛纤维，而实际上毛织物比棉织物耐用，这是因为棉纤维的延伸性及弹性不如毛纤维。实验证明高强高伸的织物耐用性好，如锦纶、涤纶织物。

表2-2 常见纺织材料的公定回潮率

纤维种类			纺织材料			公定回潮率/%
天然纤维	植物纤维	棉	棉纤维			8.5
			棉纱线			
			棉织物			
		麻	苎麻			12.0
			亚麻			
			大麻（汉麻）			
			罗布麻			
			剑麻			
			黄麻			14.0
		其他	木棉			10.9
			椰壳纤维			13.0
	动物纤维	丝	桑蚕丝			11.0
			柞蚕丝			
		毛	羊毛	洗净毛	同质毛	16.0
					异质毛	15.0
				精纺毛纱		16.0
				粗纺毛纱		15.0
				织物		15.0
				（针织）绒线		
				毛针织物		
				长毛绒织物		16.0
			山羊绒	分梳山羊绒		17.0
				山羊绒条		15.0
				山羊绒纱		
				山羊绒织物		
			兔毛			15.0
			骆驼绒/毛			
			牦牛绒/毛			
			羊驼绒/毛			
			马海毛			14.0

纤维种类		纺织材料			公定回潮率/%
化学纤维	再生纤维	黏胶纤维			13.0
		富强纤维			
		莫代尔纤维			
		莱赛尔纤维			
		醋酯纤维			7.0
		三醋酯纤维			3.5
		铜氨纤维			13.0
		壳聚糖纤维			17.5
	合成纤维	聚酰胺纤维（锦纶）			4.5
		聚酯纤维（涤纶）			0.4
		聚丙烯腈纤维（腈纶）			2.0
		聚乙烯醇纤维（维纶）			5.0
		聚丙烯纤维（丙纶）			0.0
		聚氨酯纤维（氨纶）			1.3
		聚氯乙烯纤维（氯纶）			0.0
		聚乳酸纤维			0.5
		芳香族聚酰胺纤维	芳纶 1313		5.0
			芳纶1414	高模量	3.5
				其他	7.0
	其他	玻璃纤维			0.0
		金属纤维			0.0
		碳纤维			0.0

注 1. 化学纤维：含纤维、纱线及织物。
2. 蚕丝：含生丝、双宫丝、绢丝、䌷丝及练白、印染等各种织物。

通常线密度较小，表面较为光滑而强伸度又大的合成纤维，织物表面易起毛起球，而且不易脱落，从而影响服装的外观。

纤维湿态的伸长增大，除棉、麻外，其他纤维湿强小于等于干强，而黏胶纤维的回潮率较大，其湿强下降约50%，故服装要轻擦轻洗。

4. 弹性

弹性是指纤维受外力作用后产生变形，在外力去除后能恢复原状的性能。它是一项重要的物理指标，影响服装的舒适性、外观保持性及耐用性。

人们一直处于活动之中，服装如不能产生相应的变形，人体就会感到不舒适，变形后不能很快地恢复原状，就会影响外观，故要求纺织纤维不仅具有较好的延伸性，而且还要有较好的弹性。合成纤维中尤其是涤纶具有优异的干湿弹性，织物外观和洗可穿性好。羊毛纤维具有优良的干弹性，毛织物在穿着时不容易折皱，能保持长期挺括，但吸湿后弹性变差，故毛织物服装水洗、雨淋后形态稳定性变差。另外，弹性回复性好的织物具有优异的耐用性，毛纤维的弹性回复性优于棉纤维是毛织物比棉织物耐用的主要原因之一。

服装在使用过程中，一般都是承受各种小负荷的反复多次作用，如果创造卸除负荷和停顿及变形回缩的条件（如提供湿热条件），就能使服装获得更长的使用寿命。故服装应勤换，适当的洗涤可加速弹性变形的回复，达到耐穿耐用的目的。

5. 刚柔性

纤维抵抗弯曲变形的能力称为抗弯刚度。柔软性是其相反性能。纤维的刚柔性对织物的触感及造型性有重要影响。

当其他条件相同时，纤维抗弯刚度大，织物硬挺；反之，织物柔软。在天然纤维中抗弯刚度由高到低的顺序为：麻、棉、蚕丝、羊毛；在合成纤维中抗弯刚度由高到低的顺序为：腈纶、涤纶、锦纶。羊毛、锦纶的抗弯刚度较低，织物较柔软。

6. 密度

纤维的密度是指纤维单位体积的质量，常用g/cm^3来表示。它是纤维的物理性能之一，各种纺织纤维的密度是不同的，同种纤维在干燥和潮湿状态下的密度也不尽相同。常见干燥纤维的密度如表2-3所示。

表2-3 常见干燥纤维的密度

纤维	密度 g/cm^3	纤维	密度 g/cm^3
棉	1.54 ~ 1.55	涤纶	1.38 ~ 1.39
苎麻	1.54 ~ 1.55	锦纶	1.14 ~ 1.15
亚麻	1.50	腈纶	1.14 ~ 1.19
羊毛	1.30 ~ 1.32	维纶	1.26 ~ 1.30
蚕丝	1.00 ~ 1.36	氯纶	1.39 ~ 1.40
黏胶纤维	1.52 ~ 1.53	丙纶	0.91
莫代尔纤维	1.52	乙纶	0.94 ~ 0.96
莱赛尔纤维	1.52	氨纶	1.10 ~ 1.13
铜氨纤维	1.50	聚乳酸纤维	1.27
醋酯纤维	1.32	芳纶14	1.46
三醋酯纤维	1.30		
大豆蛋白纤维	1.28		
牛奶蛋白纤维	1.40		

常见纤维中，合成纤维比其他纤维的密度小，尤其是丙纶，密度为0.91g/cm³，比水还轻，适于制作水上运动服装。棉、麻及黏胶纤维密度较大。

纤维影响密度直接影响服装轻重及悬垂性。在冬季，人们希望服装质轻、舒适、保暖。尤其是老年人、儿童和运动员更需要行动方便。一些女装要求有较好的悬垂性，所选织物不仅要柔软，而且还要有一定的重量，否则会飘。

7. 热学性能

纺织纤维的热学性能与纺织加工和服装的保暖性、耐热性、燃烧性等有密切的关系。

（1）导热性：指纤维传导热量的能力，直接影响服装的触感和保暖性。

纺织材料是一种多孔性物体，在纤维内部和纤维之间存在许多孔隙，其间充满着空气，于是产生了热的传导过程。导热性用导热系数λ来表示，导热系数小，纤维的导热性差，制成的服装热绝缘性或保暖性就好，人体会感到温暖。常见纤维的导热系数如表2-4所示。

表2-4 常见纤维的导热系数

纤维	λ（w/m·℃）	纤维	λ（w/m·℃）
棉	0.071～0.073	涤纶	0.084
绵羊毛	0.052～0.055	腈纶	0.051
蚕丝	0.050～0.055	氯纶	0.042
黏胶纤维	0.055～0.071	锦纶	0.244～0.337
醋酯纤维	0.050	丙纶	0.221～0.302
		静止空气*	0.026
		水*	0.697

注 *为非纤维材料。

由表2-4可看出，静止空气的导热系数最小，水的导热系数最大，羊毛、蚕丝和腈纶的导热系数都小于其他纤维。羊毛、腈纶等的导热系数小，并且羊毛纤维天然卷曲而蓬松，腈纶纤维质地轻而蓬松，在纤维间能容纳较多的静止空气，其制品的保暖性好。对于合成纤维，制成中空或多孔纤维就是最大限度地增加纤维内部静止空气的一种措施。因此，一般密度小，比较蓬松，纤维层中含有大量静止空气的制品保暖性好。

水的导热系数最大，约为纤维的10倍，因此当纤维潮湿时，导热系数增加，保暖性下降。在冬季剧烈运动后，大量汗水浸湿了内衣，会有寒冷的感觉，这主要是由于导热系数增加，使体热散失所致。

（2）耐热性：指纤维抵抗高温作用的能力。耐热性关系到服装的加工、洗涤、熨烫与保养。

天然纤维和部分人造纤维受热时不经过软化和熔融，受热到一定程度即分解失强，最后导致焦化、炭化。

合成纤维受热时开始发黏、失强，终致熔融。其中丙纶受热温度低于100℃，氯纶低于70℃，锦纶不耐125℃蒸汽，维纶耐干热不耐湿热。

纺织纤维在低于熔点和分解点的一定温度作用下，强度和弹性会降低。

热收缩：合成纤维受热而收缩的现象叫热收缩。因为合成纤维在成形的过程中，为获得良好的机械性能而被拉伸，纤维中残留有应力，但受玻璃态约束，未能缩回，当纤维受热时的温度超过一定限度时，纤维中的约束减弱，从而产生收缩。

热收缩率大，会影响织物尺寸的稳定，在加工、洗涤及熨烫时要特别注意。但也可利用其热缩性，使织物获得一些特殊的外观效果。合成纤维尤其是锦纶和氨纶受热后会发生收缩，在服装加工过程中要注意这些变化，这对服装材料的合理选用，服装加工和穿着都很重要。

热定型：合成纤维制成的织物加热到玻璃化温度以上时，纤维内部大分子间作用力减小，各分子链开始自由转动，纤维变形能力增大，如果再加一定张力，强迫纤维变形，会引起纤维内部分子链间部分原有的次价键拆开，并在新的位置上建立新的次价键。冷却并排除外力后，合成纤维的形态会在新的状态下稳定下来，只要以后遇到的温度不超过定型温度，其形状不会有大的变化，纤维的这一性质称为热塑性，而这种加工过程，称为热定型。合适的热定型可使织物尺寸稳定，弹性和抗皱性改善。涤纶等合成纤维具有良好的可塑性，因此制成的百褶裙的褶裥能永久定型。

（3）燃烧性：服用纤维按其燃烧的难易程度可分为：

易燃纤维：接触火焰时容易燃烧，且燃烧迅速，离开火焰时继续燃烧。如纤维素类纤维、腈纶。

可燃纤维：接触火焰时容易燃烧，但燃烧缓慢，离开火焰时能够继续燃烧。如羊毛、蚕丝、锦纶、涤纶和维纶等。

难燃纤维：接触火焰时燃烧，离开火焰时自行熄灭，如氯纶。

不燃纤维：接触火焰时不燃烧，如石棉、玻璃纤维、碳纤维等。

8. 抗静电性

两种电性不同的物体相互接触和摩擦时，产生电子转移，使一个物体带正电荷，而另一个物体带负电荷的现象，称为静电现象。

服用纤维在加工和日常穿着中都会遇到静电现象。服装带静电后易沾污和吸灰尘，穿着不舒适、不美观。

由于纤维比电阻一般很高，尤其是毛纤维和吸湿性较低的涤纶、腈纶、氯纶等合成纤维，在纺织加工和使用过程中纤维与纤维或与机件间的密切接触和摩擦，造成电荷在物体表面间的转移，而产生静电，这给纺织加工带来很大困难。在日常生活中，衣服带静电后，会大量吸附灰尘，而且在其相互间及与人体间会发生缠附现象。当人们脱衣服时，有时会发出火花并伴随“啪啪”的响声，有时会有触电的感觉。静电严重时可达数千伏，会因放电而产生火花，引起火灾，给生命和财产造成严重后果。

9. 耐光性

耐光性是指服用纤维能耐受日光照射的性能。

服用纤维在日光照射下会发生不同程度的裂解。裂解的表现就是制品强度下降。裂解的程度与纤维结构及日光照射的强度、时间、波长等因素有关。纤维耐日光性的优劣顺序为：腈纶＞麻＞棉＞羊毛＞黏胶纤维＞醋酯纤维＞涤纶＞锦纶＞蚕丝＞丙纶。在化学纤维中，腈纶具有最强的耐日光性，日晒900h后，其强度仅损失16%～25%。在天然纤维中，蚕丝的耐光性较差；在合成纤维中，丙纶的耐光性较差，其次是锦纶。所有服用纤维在长时间日光照射下，强度都会降低。故服装洗涤后不宜放在日光下暴晒，而应挂在阴凉通风处晾干。另外，篷布、遮阳伞及窗帘等经常暴露在阳光下，应选择耐光性较好的纤维。在生产中可对耐光性差的化学纤维加消光剂来提高耐光性。

10. 耐化学品性

耐化学品性是指纤维抵抗化学品破坏的能力。

纤维在纺织染整加工中需经过丝光、漂白、印染等过程，并要使用各种化学品，在服装穿用和洗涤过程中，也可能碰到含有酸、碱的化学品，为使纤维不受损坏，有必要了解纤维的这些性能。

在纺织纤维中，纤维素纤维耐碱性较好，不耐酸。蛋白质纤维对酸的抵抗力较对碱的抵抗力强，因此，在洗涤毛和丝绸服装时，切忌使用碱性洗涤剂，而应采用中性洗涤剂，以免服装受到损伤。合成纤维具有较好的耐酸性，有的耐碱性能很差，如涤纶、腈纶等。在洗涤时，涤纶和腈纶等家用纺织品不可使用碱性洗涤剂。

11. 防霉防蛀性

天然纤维素纤维和蛋白质纤维在一定的温度条件下，会受到微生物的破坏作用，发霉变质，强力下降。蛋白质纤维易虫蛀，存放时必须清洁、干燥和使用樟脑丸防蛀虫剂，也可用樟木箱子收藏。合成纤维制品对霉菌和蛀虫等抵抗力较强，存放很方便。

三、常用纤维织物的特性

织物是构成服装的最主要材料，由于纤维原料不同，织物的外观和性能有很大区别，故在选择服装材料时，要根据不同的服装合理选择。

按织物的原料不同，可分为天然纤维织物和化学纤维织物两大类。

（一）天然纤维织物

天然纤维用于纺织具有悠久的历史，现代生活节奏的加快和返璞归真的时尚，使具有舒适性能和质朴风格的天然纤维织物越来越受人们的青睐。

1. 棉织物

棉纤维（图2-6）一般分为长绒棉、细绒棉、粗绒棉三种。

纤维形态特征：棉纤维纵向呈细长扁带状，具有天然转曲，未成熟纤维转曲较少。截面为不规则的腰圆形，中间有空腔，成熟纤维中腔较小，未成熟的棉纤维截面形态极扁、中腔较大，品质较差，如图2-7所示。

外观风格：光泽较暗淡，风格朴实自然，手感柔软，弹性差。

主要特性：吸湿透湿性好，手感柔软，保暖性好，不易产生静电，穿着舒适；缩水率大（3%~6%），易染色也易褪色；强力一般，拉伸伸长率小，弹性较差，不很耐磨，湿强较干强大，耐水洗；比较耐热，熨烫温度可达190℃左右；耐碱不耐酸，可以进行丝光或碱缩，可以用碱性洗涤剂洗涤，易受霉菌的侵蚀。

棉织物广泛用于内衣、休闲装等。

免烫整理：为了改善棉织物的皱缩、尺寸不稳定的性能，常对棉织物进行免烫整理，如市场上常见有“D.P”（durable press）或“P.P”（permanent press）标记的衬衫和裤子等，即具有“耐久熨烫”和“永久熨烫”性能，被称为“形状记忆”的衬衫和裤子等棉制品能保持长时间的优良外形。全棉免烫服装已成时尚。

丝光：棉制品在常温或低温下浸入浓度18%~25%的氢氧化钠溶液中，可使纤维直径膨胀，长度缩短，此时若施加外力，限制收缩，则可产生强烈光泽，强度增加，提高吸色能力，易于染色印花，这种加工过程称为丝光，如图2-8所示。目前纯棉丝光T恤、汗衫、衬衫等已成为纯棉精品潮流。

碱缩：若棉织物在烧碱溶液中，不施加张力，任其收缩，能使织物紧密、丰厚，富有弹性，保型性好，这种加工过程称为碱缩。碱缩主要用于棉针织物。

天然彩色棉：是利用生物基因工程等高科技手段培育的新型棉纤维，即把彩色的基因移植到原棉的DNA中，从而使棉桃在生长过程中具有不同的颜色，目前有黄色和绿色彩棉（图2-9）。

利用彩色棉花进行纺纱、织布，织物无须经漂印染色，不仅节省染料，降低加工成本，而且色泽自然、风格独特，色度丰满，不褪色。但也存在强度低、色泽不稳定及单调、弹性差、成本高等不足。适宜于与皮肤直接接触的各种内衣、婴幼儿用品、床上用品和妇女卫生材料等。

图2-6 棉纤维

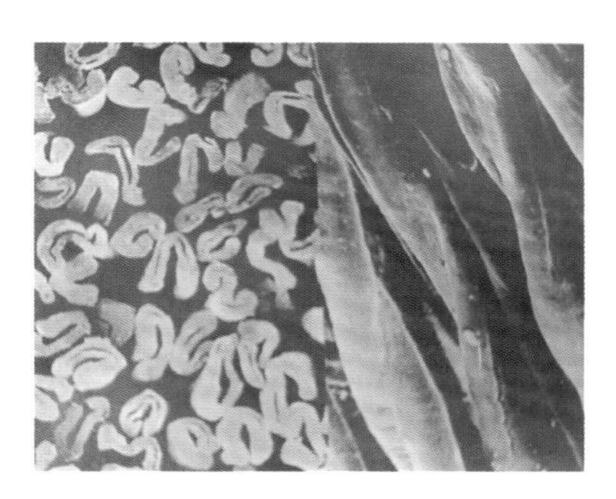

图2-7 棉纤维的横截面和纵向形态

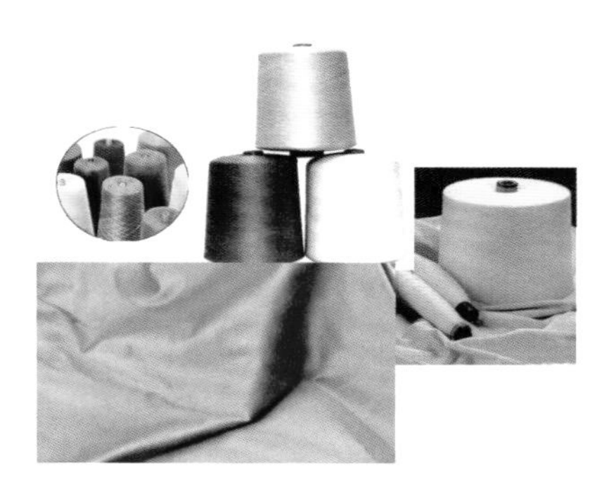

图2-8 丝光棉纱及织物

图2-9 彩色棉花及内衣

2. 麻织物

麻纤维是人类使用最早的天然纤维，如图2-10所示。

（1）有“西方丝绸、第二皮肤”美誉的——亚麻：与蚕丝一样，最早进入人类生活，因它是沿古代丝绸之路由国外引种到我国的，故也称胡麻。目前亚麻的主要生产地是法国、比利时、荷兰，我国的主要产区为黑龙江省和吉林省。

亚麻织物的手感柔软，光泽好，吸湿放湿快，强度高，适于夏季服装及床上用品等。亚麻纺织品以其天然的本质和独特的功能，在“返璞归真、舒适健康”的潮流中一直备受青睐，是21世纪最具发展潜力的功能性纺织“绿色产品”。

（2）闻名于世的中国草——苎麻：起源于中国，在国外享有盛名，被称为“中国草”。我国苎麻主要产于湖南、湖北、广东、广西和四川等地。

苎麻色白光泽好，染色性能优于亚麻，更易获得较多的色彩。苎麻比亚麻粗、长，强度大、刚性大，手感硬，折叠处比亚麻更易折断，因此应减少褶裥的设计。

（3）可防紫外线的大麻：原产于亚洲，是我国最早用作纺织的麻类纤维之一，我国俗称“火麻”，又称线麻。大麻纤维是麻类家族中最细软的一种，手感柔软，无刺痒感，穿着舒适，防霉抑菌、吸收紫外线、吸湿放湿快，近年来，大麻纤维制品深受国内外消费者的青睐。适宜制作贴身衣物、凉席、床上用品等。

（4）具有保健功能的罗布麻：又称红野麻，因发现于新疆罗布泊而得名。罗布麻纤维最为突出的性能是具有特殊的药用机理：降压、平喘、降血脂等新型保健功能。织物洁白、柔软、滑爽，还具有丝的光泽和手感、麻的风格。适宜制作贴身衣物、凉席、床上用品等。

纤维形态特征：麻纤维纵向平直，有横节竖纹。苎麻横截面为扁圆形，有较大中腔，有小裂纹；亚麻横截面为不规则的多角形，有中腔，外观有点像石榴籽，如图2-11所示。

（1）亚麻

（2）罗布麻

（3）菠萝麻

（4）大麻

（5）椰壳纤维

（6）麻纤维

图2-10　麻及麻纤维

外观风格：比棉织物更粗犷自然，具有挺爽的手感和粗细不匀的纹理。

主要特性：与棉织物相比，更吸湿透湿，放湿快，穿着凉爽舒适；拉伸强力在天然纤维中最大，拉伸伸长率小，弹性差，较脆硬，穿着有刺痒感，折叠处容易断裂，因此保存时不宜重压，褶裥处也不宜反复熨烫；耐热性好，熨烫温度可达190～210℃，具有抗菌防霉功能。

麻织物适用于夏装、休闲装、抽绣工艺品等。

3. 竹纤维织物

来自大自然的常青植物——竹子，经蒸、去皮、煮、软化等、工艺制造而成。竹材在生长过程中，含有抗菌的微量元素，使其具有其他纤维无法具备的天然抗菌性；不生虫，不需要对其施农药；自身可繁殖，不需要对其施肥，是一种新型天然、绿色、环保纤维，如图2-12所示。

竹纤维是一种会“呼吸”的天然超中空纤维，织物具有良好的吸湿透湿性、放湿性，抗菌除臭，手感滑爽，光泽亮丽。

4. 毛织物

澳大利亚、俄罗斯、新西兰、阿根廷、南非和中国是世界上的主要产毛国，其中澳大利亚的美利奴羊是世界上品质最为优良、产毛量最高的羊种。近年来，科学家们又培育了一种彩色绵羊。用于纺织的主要有绵羊毛（图2-13）、山羊绒、牦牛绒、兔毛、马海毛、羊驼绒等。

纤维形态特征：毛纤维的截面近似圆形，沿长度方向有卷曲，表面有鳞片（图2-14），鳞片对毛纤维具有保护作用，使羊毛制品易缩绒。

外观风格：有身骨、弹性好、抗皱保型性好，吸湿后弹性很差，洗可穿性差，色泽鲜艳、纯正。

主要特性：吸湿性优良，手感柔糯、保暖性好，不易产生静电，穿着舒适；拉伸强力在天然纤维中最小，但因拉伸伸长率大和弹性好而耐穿耐用；具有缩绒性，耐酸不耐碱，对氧化剂也很敏感，应选择中性洗涤剂，耐热性不如棉织物，熨烫温度一般在160～180℃，易发霉虫蛀。

毛织物适宜制作各类礼服或正式场合的服装。

缩绒性：指在热湿和揉搓等机械外力及化学试剂作用下，由于鳞片软化膨胀，使纤维相互穿插纠缠、咬合，导致制品毡缩而尺寸缩短，厚度增加，紧密度增大，无法恢复的现象。产生缩绒性的原因是其特有的鳞片结构、天然卷曲、良好的弹性和变形能力。

日常生活中对织物洗涤不当会导致缩绒现象，工业上利用缩绒性，获得粗纺毛织物的风格，柔软丰厚的手感，优异的保暖性。

防缩毛织物：采用氯化、生物酶及低温等离子体等技术对羊毛进行防缩处理，使羊毛纤维表面的鳞片受到破坏，并从羊毛纤维表层剥离下来，达到防缩绒目的，并改进羊毛纤维的透气透湿性和光泽，使羊毛制品轻薄

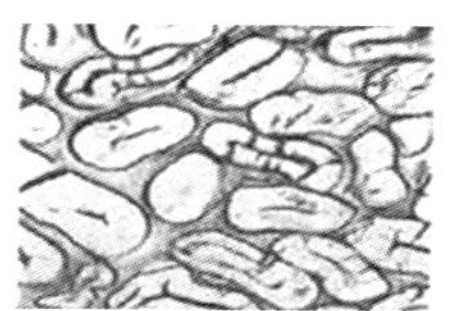
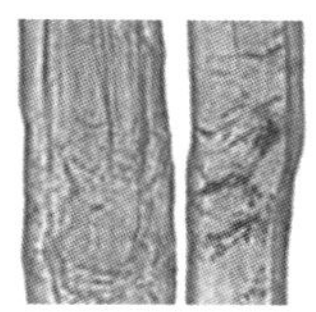

（1）苎麻

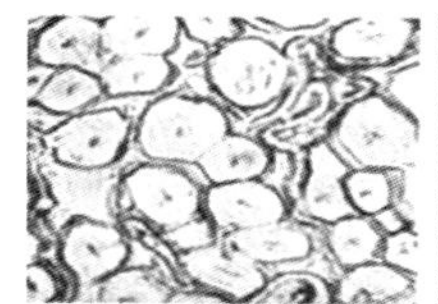
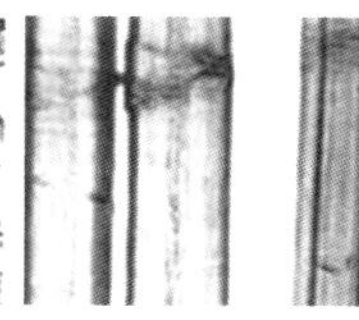

（2）亚麻

图2-11 麻纤维的横截面和纵向形态

图2-12 竹子

图2-13 羊毛

图2-14 羊毛纤维表面的鳞片

光滑、不缩绒，可用洗衣机水洗。可用于羊毛衫、针织内衣、衬衫及西装等。

拉细羊毛：是一种物理改性羊毛纤维，拉伸后，纤维变细、变长，染色上色速度快，由于鳞片结构的变化，其表面更光滑，使它的结构和性能与丝相似。用于开发高支轻薄产品，呢面细腻，光泽好，丝感强，绒感足。

特种毛纤维：是指除绵羊毛以外的毛纤维。其产量少，性能优异，织物风格独特，是高档织物的原料。

（1）山羊绒：是紧贴山羊皮生长的浓密细软的绒毛（图2-15），具有集细、轻、柔、滑、暖、弹于一身的优良特性。光泽柔和，吸湿性居所有纤维之冠，保暖性比绵羊毛好，卷曲、摩擦系数较羊毛低，但细度细，所以缩绒性与细羊毛接近。对碱和热较细羊毛敏感，即使较低温和较低碱浓度，损伤也较显著，对氯离子尤甚，对酸敏感度弱于羊毛。

由于一般的山羊，年产绒量只有100～200g，优良品种的山羊可达500g，所以价格很高，有“软黄金”之称。山羊绒有白绒、紫绒、青绒、红绒之分，以白绒最珍贵，仅占世界山羊绒总产量的30%左右。

山羊对植被破坏严重，虽经济价值极高，一些发达国家还是不允许饲养，我国开始限养和圈养，以保护环境、维护人民利益。

适用于纯纺和混纺的高档针织和机织产品。

（2）牦牛绒：在我国主要产于西藏和青海等地，其产量占世界总产量的90%以上。每头成年牛产绒毛0.5kg，粗毛0.75～1.5kg，用粗毛制成的黑炭衬是高档服装的辅料，有黑、褐、黄、灰等色，纯白色较少（图2-16）。

牦牛绒柔软细腻，保暖性好，光泽在特种动物绒毛中最差。吸湿性、伸长性、弹性及耐磨性不如山羊绒，保暖性相当，但强力、抗缩绒性及耐酸碱性比山羊绒好，耐腐蚀且成本较低。

牦牛不破坏植被，综合利用指标及综合效益指标优于羊绒制品。

（3）骆驼绒：单峰驼绒层薄，毛短而稀，无纺织价值，双峰驼绒层厚密，保护毛也多，是珍贵的纺织原料，每头单产毛绒4kg。我国年产绒2000t左右，占世界总产量的20%，居第二位，主要分布在内蒙古、新疆、青海等地。

骆驼绒质地轻盈，光滑柔软、具有独特的驼色，光泽与兔毛相当，差于羊绒，好于牦牛绒；强力、伸长性、压缩弹性、保暖性比羊毛高；缩绒性在特种毛纤维中最差。

适用于高档服装的粗纺毛织物和针织物，绒毯及填充料。

（4）马海毛：即土耳其的安哥拉山羊毛的商业用名（图2-17）。马海毛粗长，无卷曲，具有丝般的光泽，强度大，弹性好，轻柔保暖，是高档毛纺织品的原料，加入织物中可增加身骨和外观保持性，形成闪光效果，不易缩绒、起球，易于洗涤，可赋予织物雍容、高雅、华丽的外观。可纯纺或混纺而用于高档大衣、羊毛衫、围巾、帽子等；由马海毛制成的长毛绒织物，具有绒面丰满、光泽绚丽，外观华贵典雅等特点，是高档装饰材料；由马海毛制成的毛毯，光泽明亮，手感光滑，外观华丽。

（5）兔毛：具有轻软和保暖性好的特点，由于卷曲少、鳞片少而光滑、抱合力差，髓腔大、易脆断，强度低，伸长性、弹性差，织物容易掉毛，不易缩绒，以安哥拉兔毛的品质为最好。

我国兔毛产量占世界总量的90%，主要产于浙江、山东、安徽、江苏、河南等地，近年出现了彩色兔毛。

兔毛很少纯纺，常与羊毛或其他纤维混纺制成针织产品和机织产品。

（6）羊驼绒：羊驼又名骆马、驼羊，属哺乳纲骆驼科家畜，体型比驼小，背无肉峰，耳朵尖长，脸似绵羊，故名“羊驼”，羊驼绒毛因产量少，而极为名贵，是国际上继羊绒之后又一流行动物毛纤维（图2-18）。

羊驼绒具有山羊绒的细度和马海毛的光泽，比马海毛更细、更柔软滑腻，质轻不缩，其强力和保暖性高于山羊绒。

可用作轻薄的夏季衣料、大衣和羊毛衫等，近年来市场上出现的阿尔巴卡羊驼绒织物，虽然价格较高，但已成为时尚消费者追求的新产品。

5. 蚕丝织物

我国出产的蚕丝有桑蚕丝和柞蚕丝，产量居世界第一。

桑蚕又称家蚕，由桑蚕茧缫得的丝称为桑蚕丝（图2-19），是人类利用最早的一种蚕丝，主要产于浙江、江苏、广东和四川等地。桑蚕丝纵向平直、光滑，丝素横断面近似三角形，丝身洁白，光泽优美。

柞蚕在国外称中国柞蚕，由柞蚕茧所缫得的丝称为柞蚕丝，主要产于辽宁和山东等地。柞蚕茧的茧型比桑蚕茧大，春茧为淡黄褐色，秋茧为黄褐色。柞蚕丝的截面为钝角三角形，纵向表面有条纹，内部有许多毛细孔。柞蚕丝光泽不如桑蚕丝光亮，手感不如桑蚕丝光滑细腻柔软，染色性也不如桑蚕丝，颜色多为淡黄色，但是耐酸碱性、耐光性、坚牢度、弹性、耐化学性、耐热性、吸湿性、保暖性、耐水性等优于桑蚕丝，易出现水渍。一般用于织造中厚型丝织品。

蚕丝由丝素和丝胶构成，桑蚕丝未脱胶时为白色或淡黄色，脱胶漂白后颜色洁白；柞蚕丝未脱胶时为棕色、黄色、橙色、绿色等，脱胶后一般为淡黄色。未脱胶的生丝较硬挺、光泽较柔和，脱胶后变得柔软有弹性，光泽亮，具有特殊的闪光，染色性好，颜色鲜艳。

纤维形态特征：桑蚕丝横截面近似三角形，纵向平直、光滑；柞蚕丝横截面为钝角三角形，纵向表面有条纹。

外观风格：光泽悦目，高雅华丽，手感柔软，悬垂性好，摩擦时会产生独有的“丝鸣”现象。

主要特性：吸湿透湿性好，保暖性好，柔软舒适，悬垂性好；色牢度差，缩水率大，洗可穿性差，弹性介于棉、毛之间，耐用性一般；耐酸不耐碱，不宜用含氯漂白剂，不耐盐水浸蚀，所以夏季丝绸服装应勤洗勤换。蚕丝耐热性稍优于羊毛，熨烫温度为165～185℃，耐光性差。

蚕丝织物适用于夏季高档轻薄服装以及传统手工纺织品。

彩色蚕丝：通过生物遗传基因工程或直接在蚕食中加入色素等方

图2-15　山羊绒

图2-16　牦牛毛

图2-17　马海毛

图2-18　羊驼绒

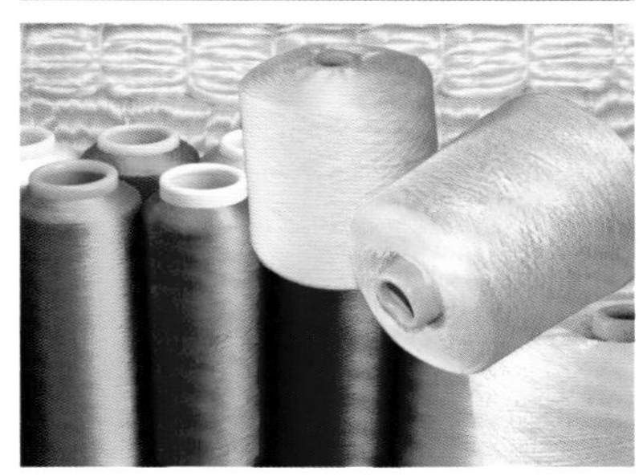

图2-19　蚕丝

法使蚕吐出的丝具有天然的彩色（图2-20）。主要适用于医疗用袜子、内衣、护膝、护腹等，高档彩色蚕丝也用于和服。

绢丝与䌷丝：是由蚕丝的废丝、废茧、茧衣等先加工成短纤维，再用类似棉纱的纺纱工序纺成的纱线。其中以纤维较长、强力较好的丝纺成的光泽好，纱支均匀的纱线称为绢丝。以较短的纤维及纺纱过程中下脚料纺成的纱条不匀，光泽差，强力低的称为䌷丝，但织物风格粗犷、质朴，穿着舒适、自在，符合返璞归真的潮流。

双宫丝：是用双宫茧缫制的。双宫茧是两条蚕同做一个茧，属于次茧。双宫茧的两根丝头错乱地绕在一起，不可能将两根蚕丝整齐一致地抽出来，因而抽出来的丝往往松紧、粗细不一，丝上面有许多小疙瘩，光泽较差，但其因面料厚重而别具风格。

（二）化学纤维织物

1. 再生纤维织物

（1）黏胶纤维织物：黏胶纤维是再生纤维素纤维的主要品种，也是最早诞生的再生纤维。

图2-20　彩色蚕丝

黏胶纤维有普通黏胶纤维、高湿模量黏胶纤维。可根据产品要求有短纤维和长丝两种形式，可制成不同外观风格的织物。棉型黏胶短纤维常称为人造棉；黏胶长丝又称为人造丝。

①普通黏胶纤维织物：吸湿性、透湿性良好，不易产生静电，染色性能好，色泽鲜艳，色牢度好；缩水率较大，柔软光滑，悬垂性好；弹性差，容易起皱且不易回复，保型性差，尺寸稳定性差；强度低，尤其湿模量很低，湿强下降最大，不耐磨，不耐水洗和不宜在湿态下加工，不能丝光，耐碱和耐酸性、耐热性低于棉织物，易发霉。广泛用于内衣、外衣及各种装饰织物。

黏胶纤维生产过程污染环境，但其舒适性能优于合成纤维，因此，普通黏胶纤维仍在化学纤维中占有相当比例。

②莫代尔纤维织物：普通黏胶纤维除生产过程污染环境外，主要是湿模量低，湿强度下降大，湿态稳定性差，因此，科学家研制开发了高湿模量黏胶纤维。

高湿模量黏胶纤维可分为两类。一类为波里诺西克（polynosic）纤维，我国商品名为富强纤维；另一类为变化型高湿模量黏胶纤维，其代表是奥地利兰精公司的莫代尔（modal）纤维，后来国际人造丝和合成纤维标准局（现为国际人造丝和合成纤维标准委员会）把高湿模量黏胶纤维统称为莫代尔纤维。

莫代尔纤维采用欧洲的榉木制作的木浆粕为原料经纺丝而成，与莱赛尔（lyocell）纤维一样，生产加工过程清洁无毒，废弃物可生物降解，大大降低对环境的破坏，具有良好的环保性能，被称为绿色纤维。

莫代尔纤维的性能显著优于普通黏胶，除具有较高的强度、较低的伸度和膨化度之外，主要表现在有较高的湿强度、较小湿态伸长性能，湿强略低于棉，干态伸长性介于棉和黏胶之间，湿态伸长性和棉差不多，但小于黏胶，收缩率较小，湿态稳定性较好，因而比较耐洗和耐穿。

从整体性能看，更接近于棉纤维、吸湿性、透气性、柔软性、悬垂性、形态与尺寸稳定性、舒适性均比棉好，染色后色彩亮丽，且经过多次洗涤仍然保持鲜艳如新。

它融合了天然纤维与再生纤维的长处，以其特殊的柔软、顺滑、丝般感觉一枝独秀，具有广阔的发展前景。它是制作高档服装、流行时装的首选面料，其针织面料是目前颇为紧俏的内衣服装面料之一。

③莱赛尔纤维织物：莱赛尔纤维是一种新型再生纤维素纤维。国际人造丝和合成纤维标准委员会在1989年将其命名为“莱赛尔”，英国考陶尔兹公司研制生产的莱赛尔纤维，注册品牌名称为“tencel”，中文品牌名称为“天丝”。奥地利兰精公司收购了英国考陶尔兹公司，tencel品牌lyocell纤维成为兰精公司独步全球

的拳头产品。

莱赛尔纤维是采用针叶树为主的天然木浆，通过NMMO有机溶剂溶解和干湿法纺丝工艺制得的纤维素纤维。采用清洁加工技术，生产中使用的NMMO是一种无毒的化学品，可完全循环回收利用，生产过程对环境无污染，废弃物可生物降解，是国际服装市场的热销品，具有高档、高附加值和生态环保的市场定位，被称为“21世纪的绿色纤维”。

莱赛尔纤维是目前唯一集合成纤维和天然纤维优点于一体的纤维，湿模量及干、湿强度都很高，强度接近涤纶，湿强度为干强度的80%，湿态稳定性较高，其织物具有吸湿透湿性好，手感柔滑，悬垂性好，真丝般的光泽，收缩率小，尺寸稳定，色泽鲜艳等特点。适用于内衣、衬衫、西服、牛仔装、休闲服及裙装裤子等。

莱赛尔纤维有两种型号：一种是标准型（G100型），为原纤化天丝（在湿态下通过绳状或成衣加工，使成品织物呈现一种灰白色或“霜白”的桃皮绒效果），另一种（A100型）为非原纤化天丝。

目前，国内也生产出了不同品牌的莱赛尔纤维。

④竹浆黏胶纤维织物：竹浆黏胶纤维是选用南方优质野山毛竹制作的竹浆粕，采用莫代尔纤维生产工艺纺丝而成，在原料的提取和生产过程中全部实施绿色清洁生产。竹浆纤维是我国自主开发的新资源型生物基化学纤维，也称竹材莱赛尔纤维，填写了国内、国际空白。

竹浆黏胶纤维强度及干湿强度接近、湿模量及湿态稳定性较高；吸湿透湿性好、手感滑爽，悬垂性好，易于生物降解，适用于贴身内衣、休闲运动服饰、毛巾、凉席、床品等。

（2）铜氨纤维织物：铜氨纤维是把纤维素溶解在浓铜氨溶液中制成纺丝液后经湿法纺丝而成。铜氨纤维有真丝般柔和的光泽和手感，湿强度和耐磨性能比黏胶纤维好，吸湿性与黏胶纤维接近，染色性好，适于高级丝织品。

（3）醋酯纤维织物：醋酯纤维一般以精制棉籽绒为原料，将纤维素和醋酸经酯化反应制得纤维素醋酸酯，制成纺丝液后经纺丝而成。醋酯纤维是一种半合成纤维，有二醋酯纤维和三醋酯纤维两种，市场常见的是二醋酯纤维。

醋酯纤维酷似天然真丝，是化学纤维中外观最接近真丝的纤维，光泽优雅，色彩鲜艳，手感柔软滑爽，悬垂性好，质地轻，弹性好，不易起皱，耐光性较好，但染色性不如黏胶织物。适用于妇女夏季裙装、衬衫、内衣、围巾、领带、服装里料等。

（4）大豆蛋白质改性纤维织物：大豆蛋白质改性纤维是从豆粕中提取植物蛋白质和聚乙烯醇接枝共聚，然后纺丝而成，被称为“人造羊绒”，可作为羊绒的替代品，是我国自主开发并在国际上率先取得工业化试验成功的纤维材料。具有羊绒般的柔软手感，蚕丝般的柔和光泽，羊毛般的保暖性，棉纤维的吸湿和导湿性，并可生物降解，成本低廉；大豆蛋白纤维含有人体必需的多种氨基酸，与人体皮肤亲和性好，具有良好的保健作用。适用于内衣、衬衣、T恤、羊毛衫、休闲服、运动服、时尚女装、西装及床上用品等。

（5）牛奶蛋白改性纤维织物：牛奶蛋白改性纤维是从天然牛乳中提取动物蛋白和丙烯腈接枝共聚，然后纺丝而制得的，具有丝般的天然光泽、优雅外观，羊绒般的柔软、舒适、滑糯，有较好的吸湿和导湿性能、极好的保温性，纤维本身呈淡黄色，耐热性较差，适用于针织套衫、T恤衫、衬衫等。

（6）甲壳素纤维织物：甲壳素存在于自然界中甲壳动物虾、蟹、昆虫的外壳，低等植物菌类、藻类的细胞，高等植物的细胞壁等，在自然界中的蕴藏量仅次于纤维素，是极其丰富的天然聚合物和可再生资源。壳聚糖是由甲壳素经脱乙酰基而得，又称脱乙酰甲壳素。

甲壳素纤维具有天然抗菌、抑菌性，吸湿祛异味，可使皮肤上的溶菌酶增长1～1.5倍，并具有良好的生物活性、生物相容性及生物可降解性。适用于袜子、内衣裤、文胸、婴儿服、老年服装、运动服装、床上用品、妇女儿童用品及医疗卫生用品等。

（7）海藻纤维织物：我国海藻资源丰富，养殖及加工占全球的70%以上。海藻纤维具有天然阻燃、良好的生物相容、抑菌、吸附性，生物可降解，可以通过与皮肤的接触发挥吸湿性能，积极释放海藻成分，令穿着者的皮肤吸收海藻释放的维生素和矿物质，是一种具有很高附加值的功能纤维材料，减少了海洋生物废弃物对环境的污染。适用于高档保健服装、家用纺织品、医疗卫生等领域。

2. 合成纤维织物

目前，常用的合成纤维有涤纶、锦纶、腈纶、丙纶、氨纶、维纶、氯纶，作为合成纤维家族的成员，以上几种纤维有其主要共性：吸湿性、透湿性较差，易带静电，舒适性不如天然纤维；强度较高，弹性较好，结实耐用，不易起皱，保型性好，洗可穿性好，热定型性好，不霉不蛀；短纤维织物易起毛起球，耐热性比天然纤维差，大多染色困难。

不同的合成纤维仍然有其特性：

（1）涤纶织物：学名为聚酯纤维，涤纶是我国的商品名，它还有许多商品名称，如英国的terylene、美国的dacron、德国的teriber等。

涤纶是当前合成纤维中发展最快、产量最大的化学纤维，差别化纤维主要是以涤纶制成的，模仿毛、麻、丝等天然纤维的外观和性能，已达到以假乱真的程度。

涤纶织物吸湿性很差，染色困难，易起静电，强伸度高，弹性好，挺括不起皱，保型性好，洗可穿性良好，经久耐穿，但短纤维织物易起球而不易脱落，耐光性很好，仅次于腈纶，耐热性较高，熨烫温度140～150℃，热定型性好，耐酸不耐碱。

适用于四季服装，但不宜做内衣，可用于絮填料和缝纫线等。

（2）锦纶织物：学名为聚酰胺纤维，自从1938年美国杜邦（DuPont）公司把聚酰胺纤维以尼龙（nylon）命名以来，又出现了许多商品名称，锦纶是我国的商品名。

锦纶织物耐磨性最优，穿着轻便，强度高，弹性好，耐用性好，但模量低，不如涤纶织物挺括保型；耐光性、耐热性较差，熨烫温度120～130℃，耐碱不耐酸，对氧化剂敏感。

适用于袜子、手套、套装、裙装、运动衣、滑雪服、登山服、宇航服、风雨衣等。

（3）腈纶织物：学名为聚丙烯腈纤维，以短纤维为主，腈纶为我国的商品名，还有很多商品名，如美国的奥纶（orlon）。

腈纶织物吸湿性较差，但易染色，色泽鲜艳；耐日光性最好，蓬松柔软，弹性较好，被称为“合成羊毛”，保暖性好，但拉伸耐疲劳性差。广泛用于针织服装、仿裘皮制品、起绒织物、毛毯、膨体纱等。

（4）丙纶织物：学名为聚丙烯纤维，丙纶是我国的商品名，国外的商品名为梅拉克纶、帕纶等。

它是合成纤维中发展较晚的，有长丝和短纤维两种，长丝常用来制作仿丝绸织物和针织物，短纤维多为棉型，常用于地毯或非织造织物。

丙纶织物最轻，吸湿性差，但具有较强的芯吸作用，尤其是超细、异形纤维，耐光性最差，耐热性差，熨烫温度为90～100℃，强度高，弹性、耐磨性好，织物尺寸稳定，化学稳定性好。适用于毛衫、运动衫、袜子、内衣、运动服、填絮等。

（5）氨纶织物：学名聚氨酯纤维，是一种弹性纤维，简写为PU，我国的商品名为“氨纶”。美国杜邦公司生产的聚氨酯纤维注册品牌名称为lycra，中文品牌名称为莱卡，是性能最为稳定的一种氨纶弹力丝。

氨纶具有高弹性，弹性伸长率可达500%～800%，回复率可达100%；质轻，强度低，吸湿性小，耐疲劳；有良好的耐气候和耐化学品性，但不耐氯漂，耐热性差，熨烫温度一般为90～110℃，快速熨烫。

氨纶可以裸丝或合捻、包芯、包复纱等不同的纱线形式，用于机织物及经编、纬编针织物，尽管在织物中含量（3%～10%）很小，泳装面料氨纶的比例达到20%，但能大大改善织物弹性，使服装具有良好的尺寸稳定性，改善合体度，紧贴人体又能伸缩自如，便于活动。可用于泳装、内衣、文胸、腹带、T恤衫、裙装、牛仔装和各种礼服、便装、滑雪服等。

（6）维纶织物：学名为聚乙烯醇缩甲醛纤维，以短纤维为主，维纶是我国的商品名，商品名还有vinylon、kuralon等。

维纶织物吸湿性在合成纤维中最好，外观和手感似棉布，被称为“合成棉花”，染色性能较差，色彩不够鲜艳；强度和耐磨性较好，结实耐穿，弹性似棉不如涤纶和锦纶等，易起皱；有优良的耐化学品、耐日光和耐海水等性能，耐干热不耐湿热，熨烫温度为120～140℃。

维纶织物主要用于工作服、军用服装和装饰布等，在日常服装中应用较少，可用于外衣、汗衫、棉毛衫裤、运动衫等针织物。

（7）氯纶织物：学名为聚氯乙烯纤维，氯纶为我国的商品名，国外商品名还有天美纶（teviron），罗维尔（rhovyl）等。

氯纶织物吸湿性小，染色困难，保暖性高于羊毛，摩擦后带负电，对风湿性关节炎有一定的辅助治疗作用，用于保健用品；其密度在合成纤维中是最大的，耐热性最低，阻燃性最好；强伸度高，弹性好，耐磨性、耐光性高于羊毛与棉。

氯纶织物适用于针织内衣，毛线、毯子，阻燃沙发布、床垫布和室内装饰布、地毯、帐篷，保温絮料等。

3. 差别化纤维

差别化纤维是在常规化学纤维的基础上经过化学或物理变化而不同于常规纤维的化学纤维。目的是改善服用性能，主要用于服装和服饰。

差别化纤维既保留了常规化学纤维的基本特性，又大大改善和提高了其服用性能和外观风格，还赋予其新的特性和功能，提高附加值，扩大用途，并且一个国家的纤维差别化率是衡量一个国家纤维生产和科学技术水平的重要标准。当前差别化纤维主要有超细纤维、异形纤维、复合纤维及功能纤维。

（1）超细纤维：指单丝线密度小于或等于0.33dtex的纤维（图2-21）。

通常在我国将单丝线密度在0.33～1.1dtex的称为细特纤维，将单丝线密度≤0.33dtex的称超细纤维。目前单组分超细纤维已能达到0.22dtex，更细的超细纤维只能由双组分复合纤维（海岛型与剥离型）获得。

细特和超细纤维因其本身线密度较小，纤维刚性小，柔软易扭弯，抱合力好，回弹性低，织物手感柔软、细腻，悬垂性好，光泽柔和，不易皱，较丰满，保暖性好；纤维比表面积大，吸附能力强、吸湿吸水性能好。可织制仿真丝织物、高密防水透湿织物、桃皮绒织物及仿麂皮绒织物等，还广泛用于高性能的清洁布、合成皮革基布等产品。

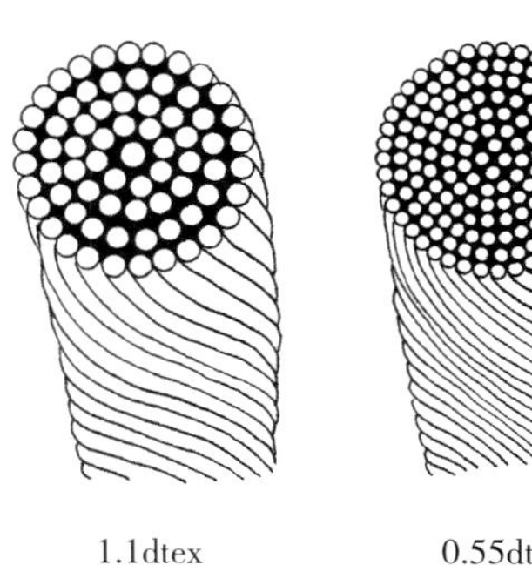

图2-21 不同细度的纤维

（2）异形纤维：是经一定几何形状（非圆形）喷丝孔纺制成的具有特殊横截面形状的纤维（图2-22）。

普通的化学纤维其截面多为实心圆形或近似圆形，表面光滑或呈树皮状，纤维强度大，但其织物有蜡感、光泽不佳、吸湿透湿性差、保暖性差。由于纤维的截面形状直接影响最终产品的光泽、蓬松性、回弹性、耐磨性、抗起球性、导湿性、耐污性等，因此，人们为了获得不同外观和性能的产品，逐渐开发出截面形态各异的异形纤维，如三角形、中空形、十字形、Y形、多叶形、多角形、多孔纤维等，其中三角形截面的纤维具有蚕丝的闪光效应，适用于仿真丝织物。十字形、Y形、H形等截面的纤维芯吸效应好，织物具有迅速导湿排汗性能，适用于运动服装、床上用品及凉席等。

（3）复合纤维：指由两种及两种以上聚合物，或具有不同性质的同类聚合物经复合纺丝制成的纤维。

复合纤维按各组分在纤维中的分

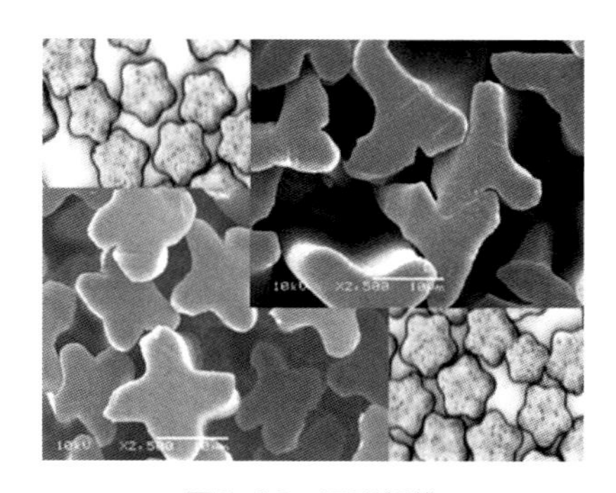
图2-22 异形纤维

布形式可分为皮芯型复合纤维、并列型复合纤维、裂片型复合纤维、海岛型复合纤维等（图2-23）。

①皮芯型复合纤维：两种组分聚合物分别沿纤维纵向连续形成皮层和芯层的复合纤维。

②并列型复合纤维：沿纤维纵向两种组分聚合物分列于纤维两侧的复合纤维。

③裂片型复合纤维：两种组分聚合物沿纤维轴向分别连续排列，纤维截面呈橘瓣、条形等形状，经后加工处理能分成多个裂片的复合纤维。

④海岛型复合纤维：由分散相聚合物（岛）均匀嵌在连续相聚合物（海）中形成的复合纤维。

由于复合纤维各组分高聚物的性能差异，使复合纤维可以具有两种或两种以上不同纤维的性能，达到取长补短的目的；此外可以通过不同的复合加工方法制成超细纤长丝纱，如海岛型复合纤维将一个组分溶解除去可以得到超细特或超极细特纤维。

复合纤维可用于制造毛型织物、丝绸型织物、人造麂皮、防水透湿织物、无尘服和特种过滤材料等。

（4）高性能化学纤维：本身物理机械性能、热性能突出，或具有某些特殊性能的纤维。如高强度高模量、耐高温、阻燃、耐腐蚀等纤维。

（5）功能性化学纤维：在纤维生产过程中赋予其超出常规纤维功能的纤维，即在纺丝时混入相应的聚合物或小分子化合物而赋予纤维预期功能的纤维，如抗紫外线、抗静电、导电、阻燃、蓄热、防电磁辐射、光导、发光、结构生色、抗微生物、导湿、吸湿、高吸水、防污、吸附等纤维。

（6）智能化学纤维：指能够感知光、热、湿度、化学、机械、电磁等外界环境或内部状态所发生的变化，并能做出响应的纤维。随着纳米、微胶囊等技术的发展及运用，智能纤维的开发得到了迅速发展，使得智能纺织品不断地涌现，从而满足了人们的需求，如光敏变色纤维、热敏变色纤维、相变调温纤维、形状记忆纤维、自修复纤维等。

①智能变色纤维：色泽随外界条件或环境的变化发生可逆变化的纤维。按变色的条件可分为：光敏变色、温敏变色、湿敏变色等。

智能变色纤维可使服装的色彩与图案变为若隐若现的“动态”效果，提升服装的独特性、创意性及时尚性。

光敏变色纤维：色泽随外界光照条件变化发生可逆变化的纤维（图2-24）。在阳光或者紫外线照射下纤维可以瞬间从无色变为有色，也可以由一种颜色变成另一种颜色，当停止照射时，又恢复到原来的颜色。光敏变色服装随外界光线发生变化而颜色发生变化或表面会巧妙地浮现出各种花纹图案，具有绚丽的颜色和灵敏的光变效果。适用于高档时装、衬衫、儿童服、滑雪服、高档绣花线、高档窗帘、品牌防伪标志、户外服装及特种防护隐身服装等。

热敏变色纤维：色泽随温度变化发生可逆变化的纤维。当温度达到28～32℃时，纤维由一定颜色变为无色，当温度恢复后，颜色也随之复

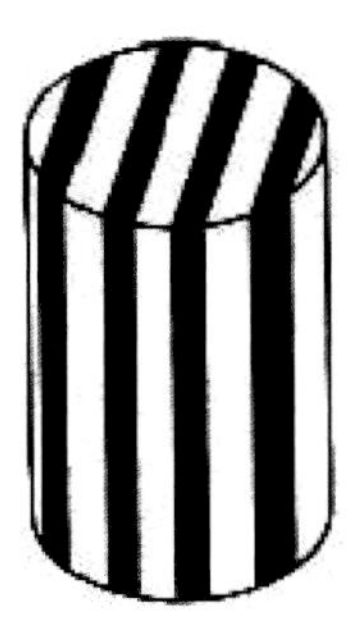

（1）并列型

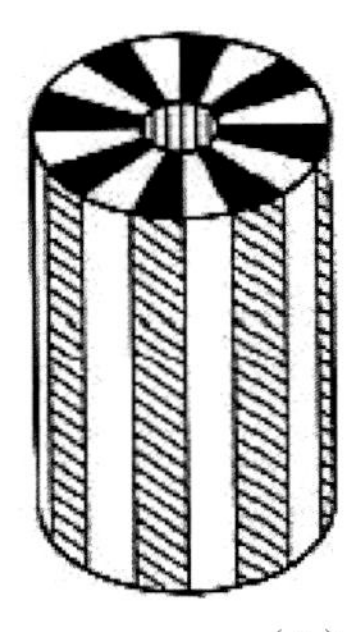

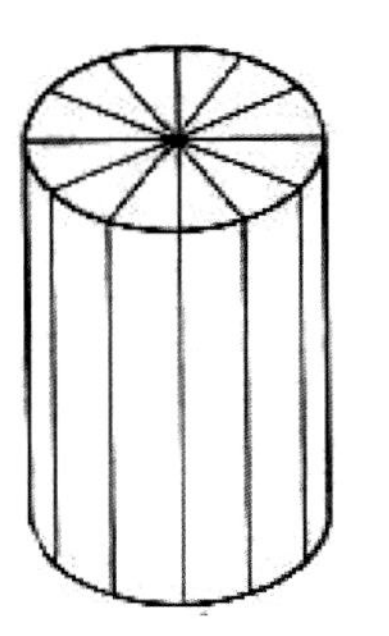

（2）裂片型

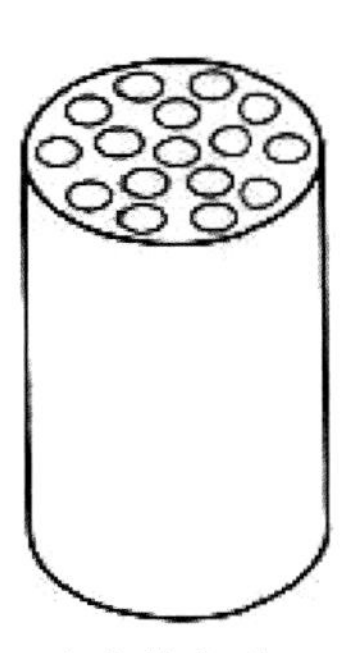

（3）海岛型

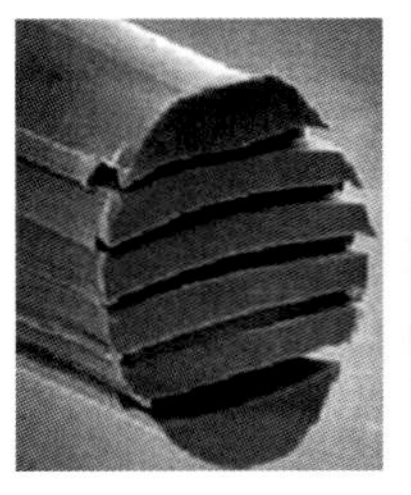

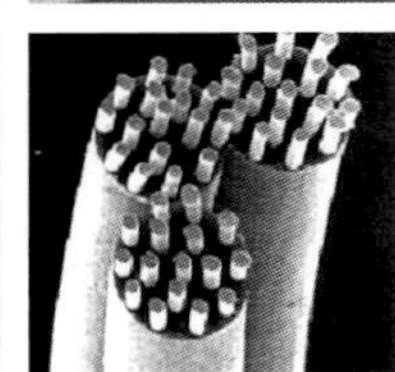

图2-23 复合纤维

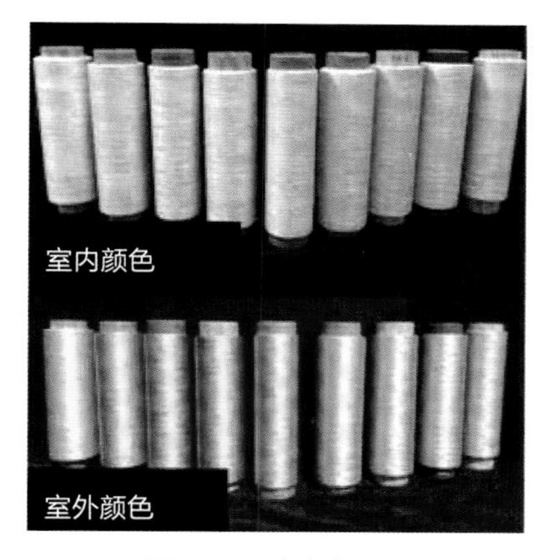

图2-24　光变色纤维

原，实现从“有色至无色”的可逆变化。热敏变色服装随着室内、室外温度及季节、地区温度的不同而呈现多变的色彩或别致的花纹图案。适用于高档时装、衬衫、儿童服装、旅游用品及警示服装服饰。

②调温纤维：是根据外界环境温度变化，在一定时间内实现温度调节功能的纤维，又叫空调纤维。它是将相变材料（简称PCM）技术与纤维制造技术相结合开发的，能够自动感知环境温度的变化而智能调节温度，具有双向温度调节和适应性。当外界环境温度升高时，纤维中包含的相变材料发生相变，从固态变为液态，吸收热量储存于纤维内部而具有制冷效果；当外界环境温度降低时，相变材料从液态变为固态，释放出储存的热量而具有保温效果。

调温纤维服装可以在温度变化的环境中反复循环使用，为人体提供舒适的“衣内微气候”环境，对人体具有良好的自然调温效果，保持体表温度，使人体始终处于一种舒适的状态。适用于T恤、内衣、婴幼童服装、保暖棉衣、毛衣、手套、袜子、户外服饰以及床上用品等。

③形状记忆纤维：指在一定条件下（应力、温度等）发生塑性形变后，在特定条件刺激下能恢复初始形状的纤维。主要有形状记忆合金纤维、形状记忆聚合物纤维和经整理剂加工的形状记忆功能纤维。形状记忆聚合物纤维具有手感较形状记忆合金纤维柔软、易成形、形状稳定性较好、机械性质可调节范围较大、应变更大等特点，因此，其在纺织品上具有较为广阔的应用前景。

④自修复纤维：指受到一定程度破坏后，通过自诊断和自修复功能重新获得性能的纤维。材料在使用过程中，受到外力的作用，往往会产生微裂纹或内部损伤，这些微小损伤如果不能得到及时修复，往往会造成材料的断裂。自修复纤维是模仿生物体损伤自愈合的机理对材料加工或使用过程中肉眼难以发现的微观裂纹进行自修复，从而大大延长材料的使用寿命。

随着科技的发展和人们需求的不断提高，功能型和智能型服装材料的种类将不断增加，服装的功能性和智能性也会不断提高，其科技含量与高附加值也不断提高。

四、绿色纤维

（一）绿色纤维的概念

绿色纤维是指原料来源于可循环再生的生物质资源、生产过程低碳环保、制成品弃后对环境无污染或可再生循环利用的化学纤维。

纤维作为纺织产业链发展的源头，其绿色发展进程对推动纺织工业乃至整个社会的可持续发展具有重要意义。绿色纤维标志的设置旨在倡导产品的绿色设计、绿色材料和绿色制造，促进环境保护和公共健康，进而实现企业发展和承担社会责任的双重目标。

（二）生物基（质）纤维的概念

生物基是指利用大气、水、土地等通过光合作用而产生的各种有机体，即一切有生命的可以生长的有机物质，包括植物、动物和微生物等。生物基主要有可再生性、低污染性、分布广泛性、资源丰富性的特点。

生物基（质）纤维指利用生物体或生物提取物为原料，经过一系列化学和物理加工而制成的纤维。广义的生物基纤维包括生物基原生纤维、生物基再生纤维、生物基合成纤维，如表2-5所示。生物基纤维与人体亲和，可生物降解，取之于自然，回归于自然，形成生生不息的良性循环。生物基原生纤维，即用自然界的天然动植物纤维经物理方法处理加工而成的纤维，如棉、麻、竹、毛、丝。

生物基化学纤维及其原料是我国战略性新兴生物基材料产业的重要组成部分，具有生产过程环境友好、原料可再生以及产品可生物降解等优良特性。生物基化学纤维既不与粮食、棉花争地，又不依赖石油。使用替代

表2-5　生物基纤维

类别		代表纤维
生物基原生纤维	植物基纤维	棉、麻、竹
	动物基纤维	毛、蚕丝、蜘蛛丝
生物基再生纤维	植物基纤维	再生纤维素纤维：黏胶、莫代尔、莱赛尔、铜氨等
		再生纤维素酯纤维：醋酯、三醋酯
		再生植物蛋白质纤维：大豆、花生、玉米蛋白纤维
		海藻纤维①
	动物基纤维	再生动物蛋白质纤维：牛奶、蚕蛹、胶原蛋白、仿蜘蛛丝纤维
		甲壳素纤维②、壳聚糖纤维③
生物基合成纤维		聚乳酸（PLA）纤维
		聚酰胺56（PA56）纤维
		聚酯（PTT）纤维

①海藻纤维：是利用藻类提取物为原料，经纺丝过程制成的化学纤维。
②甲壳素纤维：是以甲壳质及其衍生物为原料，经纺丝制得的化学纤维。
③壳聚糖纤维：是甲壳素经浓碱处理脱除乙酰基后所制成的纤维。

资源，大力发展生物基化学纤维，有助于解决当前经济社会发展所面临的严重资源和能源短缺以及环境污染等问题，又能满足生产发展和消费增长的需要。

（三）绿色纤维的种类

绿色纤维主要包括生物基化学纤维、循环再利用化学纤维以及原液着色化学纤维。

1. 生物基化学纤维

是以生物质为原料或含有生物质来源单体的聚合物所制成的纤维。

根据原料来源与纤维加工工艺不同，生物基化学纤维可分为生物基再生纤维和生物基合成纤维两大类。

（1）生物基再生纤维：以生物基为原料经纺丝而成的纤维。包括再生纤维素纤维、再生纤维素酯纤维、再生蛋白质纤维、海洋生物基纤维。

（2）生物基合成纤维：以生物基为原料经发酵等方法制备小分子，再经聚合制备高分子后经纺丝而成的纤维，即原材料来源于生物质的合成纤维。如聚乳酸（PLA）纤维、聚酰胺56（PA56）纤维及聚酯（PTT）纤维。

2. 循环再利用化学纤维

采用回收的废旧聚合物材料和废旧纺织材料加工而成的纤维。循环再利用化学纤维分为物理循环再利用纤维与化学循环再利用纤维。

（1）物理循环再利用纤维：回收材料经熔融等物理方法制成的纤维。

（2）化学循环再利用纤维：回收材料经分解、再聚合等化学方法制成的纤维。

循环再利用化学纤维实现了对废弃资源的再生回用，可有效减少资源浪费与白色污染，促进循环经济发展。随着处理技术与装备水平的提高，纤维的品质已达到了原生纤维的品质，极大地减轻了废旧纺织品对环境造成的压力。

3. 原液着色纤维

由含有着色剂的纺丝原液或熔体纺制成的有色纤维。

聚合物熔体在进入纺丝箱前，通过加入色母粒或色浆，经充分混合后进行纺丝，产品颜色鲜艳、色泽均匀、不易褪色，可省略部分染整工序，原液着色纤维制成的面料比后道染整制成的面料每吨节约成本30%~50%，降低了因染整而产生的水与空气污染，达到绿色清洁生产的目的。

五、纺织纤维的鉴别

服装材料的服用性能和风格特征主要取决于原料组成，同时也受组织结构、生产加工和后整理的影响。因此，认识服装材料，首先要判断其原料组成，分析和掌握由原料赋予它的特性，以便准确、恰当、合理地将其运用于服装设计，避免在服装设计、制作、穿着、洗涤、保养甚至营销等环节出现问题。主要方法有感官鉴别法、燃烧鉴别法、显微镜鉴别法、化学溶解鉴别法等。其中以感官鉴别法和燃烧鉴别法最为简单和常用。

（一）感官鉴别法

感官鉴别法是通过人的感觉器官，根据各类原料或织物的外观特征和手感对织物原料进行鉴别的一种方法，也称手感目测法。此方法简单易行，但要求具有丰富的实际经验，特别是经过特殊加工或仿真程度很高的织物，很难用感官鉴别法准确判断，可结合其他方法判断。

（二）燃烧鉴别法

对感官鉴别难以判断或把握不准的，可通过燃烧鉴别法进行鉴别，简单易行，准确度较高。

燃烧鉴别法是根据各种纤维的化学成分不同，其燃烧现象和特征不同进行鉴别。如燃烧速度、续燃情况、燃烧气味、灰烬状态等。

适用于纯纺织物和纯纺纱的交织物，而混纺织物或混纺纱交织物具有两种或多种纤维的混合现象，可根据“混合”的燃烧现象，初步推测出其中的主要原料，特殊整理的织物不适用。只能鉴别出三大类纤维——纤维素纤维、蛋白质纤维及合成纤维。常用纤维的燃烧特征如表2-6所示。

（三）显微镜鉴别法

显微镜鉴别法是根据各种纤维的纵向和横截面形态特征来进行识别。广泛应用于质检和原料鉴别。

可用于纯纺、混纺和交织物，对合成纤维只能确定其大类，还可以判断天然纤维和化学纤维的混纺情况，以及异形化学纤维的截面形状。常用纤维的纵向和横截面形态特征如表2-7所示。

（四）化学溶解鉴别法

化学溶解鉴别法是根据各种纤维的化学组成不同，对不同的化学试剂在不同浓度及温度下的溶解性能不同进行鉴别的。

适用于各种纤维，也可适用于已染色或混纺制品，准确度较高。根据感官鉴别法、燃烧法和显微镜鉴别法初步鉴定后，再采用溶解法加以证实，即可准确鉴别出纺织物的纤维成分。特别是某些合成纤维，如涤纶、锦纶、腈纶等外观十分相似的织物，采用感官鉴别法、燃烧法和显微镜法难以准确区别，通过化学溶解法可作出准确判断。常用纤维的化学溶解性能如表2-8所示。

表2-6 常用纤维的燃烧特征

纤维名称	接近火焰	在火焰中	离开火焰后	灰烬形态	气味
棉、麻、黏胶纤维	不熔、不缩	迅速燃烧	继续燃烧	少量灰白色的灰	烧纸味
羊毛、蚕丝	收缩	逐渐燃烧	不易延烧	黑色松脆小球	烧毛发臭味
醋酯纤维	熔融	逐渐燃烧，边熔融边燃烧	边熔边燃	黑色硬块，可压碎	醋酸味
涤纶	收缩、熔融	先熔后烧，有熔液滴下，冒黑烟	能延烧，有时自熄	玻璃状黑褐色硬球	特殊芳香味
锦纶	收缩、熔融	先熔后烧，有熔液滴下，烟少	自熄	玻璃状浅褐色硬球	氨臭味
腈纶	收缩、熔融、发焦	熔融燃烧，有发光小火花	继续燃烧	松脆黑色硬块	有辣味
维纶	收缩、熔融	燃烧，冒黑烟	继续燃烧	松脆褐色硬块	特殊的甜味
丙纶	缓慢收缩、熔融	熔融燃烧，有熔液滴下	继续燃烧	硬黄褐色球	轻微的沥青味
氯纶	收缩软化、熔融不燃	熔融，很缓慢燃烧	自熄	不规则黑色硬块	氯气味
氨纶	收缩	熔融燃烧，有大量黑烟	自熄	松软黑色而具有黏性的块状物	带有氯化氢臭味

表2-7 常用纤维的纵向和横截面形态特征

纤维种类	纵向形态特征	横截面形态特征
棉	扁平带状，有天然转曲	椭圆形，有中腔
苎麻	横节、竖纹	腰圆形或椭圆形，有中腔及裂纹
黄麻	横节、竖纹	多角形，中腔较大
亚麻	横节、竖纹	多角形，中腔较小
羊毛	表面有鳞片，有天然卷曲	圆形或接近圆形，有些有毛髓
兔毛	表面有鳞片，鳞片边缘缺刻明显	哑铃形
桑蚕丝	平直	不规则三角形
黏胶纤维	纵向有沟槽	有锯齿形或多叶形边缘
富强纤维	平滑	有较少锯齿或圆形
醋酯纤维	纵向有1~2根沟槽	三叶形或不规则锯齿形
维纶	1~2根沟槽	腰圆形
腈纶	平滑或有1~2根沟槽	圆形或哑铃形
氯纶	平滑或有1~2根沟槽	接近圆形
涤纶、锦纶、丙纶	平滑	圆形或近似圆形

表2-8 常用纤维的化学溶解性能

纤维	硫酸 95%~98%		硫酸 70%		硝酸 65%~68%		盐酸 36%~38%		冰醋酸 99%		*N*，*N*–二甲基甲酰胺		环己酮		氢氧化钠 5%	
	24~30℃	煮沸	24~30℃	煮沸	24~30℃	煮沸	24~30℃	煮沸	24~30℃	煮沸	24~30℃	煮沸	24~30℃	煮沸	24~30℃	煮沸
棉麻	S	S_0	S	S_0	I	S_0	I	P	I	I	I	I	I	I	I	I
蚕丝	S	S_0	S	S_0	S	S_0	P	S	I	I	I	I	I	I	I	S_0
毛	I	S_0	I	S_0	△	S_0	I	P	I	I	I	I	I	I	I	S_0
黏胶纤维	S_0	S_0	S	S_0	I	S_0	S	S_0	I	I	I	I	I	I	I	I
莱赛尔纤维	S_0	S_0	S	S_0	I	S_0	S	S_0	I	I	I	I	I	I	I	I
莫代尔纤维	S_0	S_0	S	S_0	I	S_0	S	S_0	I	I	I	I	I	I	I	I
铜氨纤维	S_0	S_0	S_0	S_0	I	S_0	I	S_0	I	I	I	I	I	I	I	I
醋酯纤维	S_0	S_0	S_0	S_0	S	S_0	S	S_0	S	S_0	S	S_0	S	S_0	I	P
涤纶	S	S_0	I	P	I	I	I	I	I	I	I	S/P	I	I	I	I
锦纶6	S	S_0	S	S_0	S_0	S_0	S_0	S_0	I	S_0	I	S/P	I	I	I	I
锦纶66	S_0	S_0	S	S_0	S_0	S_0	S_0		I	S_0	I	I				
腈纶	S	S_0	S	S_0	S	S_0	I	I	I	I	S/P	S_0	I	I	I	I
维纶	S	S_0	S	S_0	S_0	S_0	S_0		I	I	I	I	I	I	I	I
丙纶	I	□	I	□	I	I	I	I	I	I	I	I	I	S	I	I
氯纶	I	I	I	I	I	I	I	I	I	I	S_0	S_0	S	S_0	I	I
氨纶	S	S_0	S	S	I	S	I	I	I	S	I	S_0	I	S_0	I	I

注 溶解性能（S_0—立即溶解；S—溶解；P—部分溶解；I—不溶解；△—溶胀；□—块状）。

（五）系统鉴别法

对未知样品系统采用感官鉴别法、燃烧鉴别法、显微镜鉴别法、化学溶解鉴别法进行鉴别，如图2-25所示。

（1）先使用燃烧法将未知纤维初步分成蛋白质纤维、纤维素纤维、合成纤维三大类。

（2）用显微镜法根据蛋白质纤维与纤维素纤维的形态特征将其区别。

（3）用各种化学试剂鉴别合成纤维与醋酯纤维。

该方法不仅可定性还可定量对纺织品中纤维进行检测，结果准确可靠。

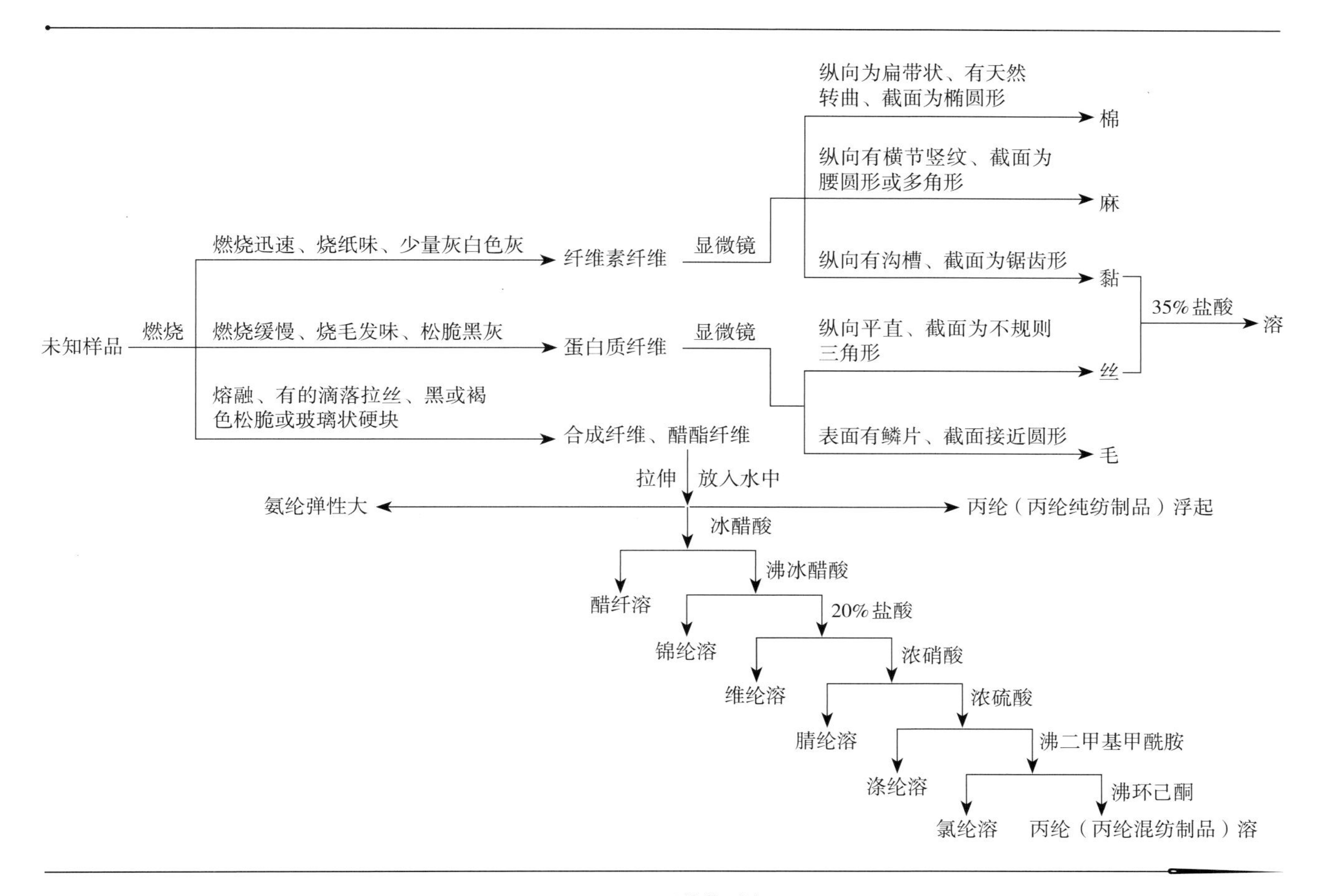

图2-25 系统鉴别法

第二节 纱线

纱线是纱和线的总称，是由纺织纤维经纺纱加工而成的连续线型集合体。纱是由短纤维沿轴向排列并经加捻，或由长丝（加捻或不加捻）组成的一定线密度的产品。线是由两股或两股以上的单纱并合加捻而成。根据合股纱的根数，有双股线、三股线等。

纱线既可用作从纤维到织物的中间桥梁，又可用作缝纫线、绣花线及绳带等。

纱线结构、形态及花色直接影响并决定织物的外观风格、服用性能及质量。因此，本节主要介绍有关纱线的知识。

一、纱线的分类

由于构成纱线的纤维原料和加工方法不同，纱线的形态和性能各异，纱线的种类繁多，其分类的方法也多种多样，常见的有以下几种。

（一）按纱线原料分

1. 纯纺纱线

纯纺纱线是由一种纤维原料纺成的纱线。如纯棉纱线、纯毛纱线、纯麻纱线、纯黏胶纱线、纯涤纶纱线等。

2. 混纺纱线

混纺纱线是由两种或两种以上的纤维原料混合纺成的纱线。如涤纶与棉的混纺纱线、羊毛与黏胶的混纺纱线等。目的是取长补短，提高纱线性能，增加纱线品种。混纺纱线的命名主要有以下几种方式：

（1）当混纺比例不同时，一般来说，混纺占比高的纤维名在先，混纺占比低的纤维名在后。如65%的涤纶纤维与35%的棉纤维混纺的纱，称为65/35涤棉混纺纱；35%的涤纶纤维与65%的棉纤维混纺的纱，则称为65/35的棉涤混纺纱。

（2）当混纺比相同时，则依天然纤维、合成纤维、人造纤维顺序命名。如50%的涤纶纤维与50%的羊毛纤维混纺纱，称为毛涤混纺纱；40%涤纶纤维、30%羊毛纤维、30%黏胶纤维混纺纱，称为40/30/30涤毛黏三合一混纺纱。

（3）若含有稀有纤维，如山羊绒、兔毛、马海毛，不论比例高低，一律排在前。

3. 混纤纱

混纤纱是由两种或两种以上原料或性能的长丝并合成的长丝纱。如高收缩涤纶长丝与海岛型涤纶长丝的混纤纱。目的是获得特殊的性能。

（二）按纱线形态结构分

1. 普通纱线

具有普通的结构和外观，截面分布规则，近似圆形。

（1）短纤维纱线：由一定长度的短纤维经过纺纱加工捻合而成的纱线。一般结构较疏松，光泽柔和，手感丰满，如单纱、股线。

（2）长丝纱：由蚕吐出的天然长丝或直接由高聚物溶液喷丝而成的化纤长丝，一根或数根加捻或不加捻并合在一起形成的纱线。比短纤维纱手感光滑、凉爽、覆盖性差和光泽亮，如单丝、复丝等。

①单丝：由一根长丝组成。由单丝织成的织物很有限，通常只用于袜子、连裤袜、头巾和轻薄而透明的夏装、泳装等。

②复丝：由若干根单丝组成的长丝纱。在丝绸中有着广泛的应用，使

用时通常需要加捻。

③变形纱：为了改善化纤长丝的手感、外观风格和服用性能，研制开发了多种风格的变形纱。

合成纤维长丝在热、机械或喷气作用下，使光滑伸直状态的长丝变为卷曲、蓬松而富于弹性的变形丝，由数根变形丝组成变形纱。使挺直、光滑、无毛羽、不蓬松状的合成纤维长丝，形成具有卷曲、螺旋等状态，手感柔软、蓬松保暖，光泽柔和，具有天然纤维的视觉美感。一般根据用途可分为弹力丝和膨体纱。

弹力丝：以弹性为主，利用合成纤维的热塑性改变纱线结构而获得良好蓬松性和弹性的纱线，可分为高弹丝和低弹丝。高弹丝具有较高的伸长率和良好的弹性回复性，原料经锦纶为主，适用于弹性要求较好的紧身弹力衫裤、弹力袜等，原料以锦纶为主。低弹丝具有适当的弹性和蓬松性，原料以涤纶为主，适用于弹性要求较低，蓬松度较好的针织和机织服装面料及室内装饰面料。原料以涤纶、腈纶为主。涤纶弹力丝多数用于衣着，锦纶弹力丝适宜制造袜子。

膨体纱：以蓬松性为主，利用腈纶的特殊热收缩性制成。由高收缩纤维和低收缩纤维组成，利用聚合物的热可塑性，将高收缩纤维与低收缩纤维按一定比例混合后纺纱，进行100℃以上汽蒸热松弛处理，这时高收缩纤维沿长度方向收缩为纱芯，而低收缩纤维则被挤到表面为圈曲形，使纱条蓬松而柔软。膨体纱体积蓬松，手感丰满，有弹性，适用于绒线、仿毛呢料和针织内外衣、帽子、围巾等。

2．特殊纱线

具有特殊的结构和独特的外观。

（1）花式纱线：是指在成纱过程中采用特殊工艺或特殊设备对纤维或纱进行特种加工而得到的具有特殊结构和外观的纱线。

花式纱线可以分花色纱线、花式纱线和特殊花式纱线三大类。

①花色纱线：主要特征是沿纱线长度方向呈现色彩变化或具有特殊色彩效应。花色纱线的色彩分布既有规律性的也有随机性的。主要流行品种有：印节线、段染线、扎染线、彩点纱。

②花式纱线：主要特征是纱线的粗细、捻度、捻向等结构不均匀。常见的类型主要有竹节纱、大肚纱、结子纱线、金银花式线、多色交并花式线、圈圈线、波形线、辫子线等。

③特殊花式纱线：采用特殊设备和方法生产的花式纱线。如雪尼尔线、断丝线、拉毛线、羽毛线、牙刷线、松树线、蜈蚣线、带子线。

（2）包芯纱与包缠纱：都是由芯纱和外包纱所组成，一般由平行的短纤维作芯纱，外包长丝或短纤维纱。包芯纱通常以长丝为芯纱，外包短纤维纱。

包芯纱通常芯纱为强力和弹性较好的合成纤维长丝（涤纶、锦纶丝或氨纶丝），外包棉、毛、涤/棉、黏胶、麻、腈纶等短纤维纱。常见的包芯纱主要有：

①以涤纶或锦纶长丝为芯，外包短纤维纱的包芯纱：以涤纶长丝为芯，外包棉、黏胶、麻等短纤维纱，制成轻薄的衬衫面料，可以充分发挥涤纶长丝挺爽、抗折皱、易洗快干特性，同时又可以发挥外包纤维吸湿好、静电少、不易起毛起球的特性，穿着舒适，美观大方；以涤纶长丝为芯，外包棉或黏胶纤维纱，其织成的坯布在印染时若用硫酸浆印花，可按图案设计侵蚀掉外包的棉纤维或黏胶纤维，而保留作为纱芯的涤纶长丝，使织物成为具有部分半透明、凹凸、立体的优美花纹图案的“烂花”织物；以高强力涤纶长丝或锦纶长丝为芯，外包棉纤维纱，用于缝纫线时其表面不会因高速缝纫中摩擦热而熔融。

②以氨纶丝为芯，外包短纤维纱的包芯纱：以氨纶丝为芯，外包棉、麻、毛、蚕丝、涤/棉、涤纶或者腈纶等短纤维纱，可制成弹力针织物、弹力牛仔布、弹力灯芯绒、弹力卡其等，织物既有外包纤维的外观、质感和特性，又弹性很好，穿着时伸缩自如，舒适合体，且保型能力大大提高。

（三）按纺纱方法分

1．传统纺纱

传统的纺纱方法主要是环锭纱。

2．新型纺纱

自由端纺纱可分为转杯纺、涡流纺、静电纺、尘笼纺；非自由端纺纱可分为自捻纺纱、无捻纺纱、喷气纺纱、摩擦纺纱等。

新型纺纱的纱线结构不同于环锭

纱，所以性能也各有不同。现在用得最多的还是环锭纱，转杯纺纱目前用于牛仔织物较多。

（四）按纺纱工艺分

1. 棉纱

棉纱根据纺纱工艺不同，可分为精梳棉纱与普梳棉纱。

精梳棉纱是指棉纤维在棉纺纱系统普通梳理加工的基础上又经过精梳加工形成的棉纱。由于经过多次梳理去除了短纤维、杂质，纱条中纤维平行顺直，条干均匀、光洁，纱线细，其外观和品质均优于普梳棉纱，常用于细薄、高档织物和缝纫线等。

2. 毛纱

毛纱根据所用原料和加工工序的不同，可分为精梳毛纱和粗梳毛纱。

精梳毛纱是以较细、较长且均匀的优质羊毛为原料，并经加工工序复杂的精梳毛纺纱而成，纱条中纤维平行顺直，条干均匀、光洁，用于华达呢、凡立丁和派力司等。

粗梳毛纱由于用毛网直接拉条纺成纱，因此纱中纤维长短不匀，纤维不够平行顺直，结构松散，毛纱粗，捻度小，表面毛绒多，用于大衣呢、法兰绒和地毯等。

（五）按纱线粗细分

1. 粗特纱线

纱线细度在32tex以上的纱线。

2. 中特纱线

纱线细度在20～30tex的纱线。

3. 细特纱线

纱线细度在9～19tex的纱线。

4. 特细特纱线

纱线细度在9tex以下的纱线。

二、纱线的结构

（一）纱线的细度

1. 纱线的细度指标

纱线的细度指纱线的粗细程度，它是描述纱线结构的重要指标。纱线的粗细影响织物的厚度、手感、覆盖性、耐磨性及外观风格等。

纤维和纱线的细度一般不以直径或截面面积来表示，因为细度很细，截面形状不规则且易变形，因此，广泛采用间接指标来表示。间接指标通常有定长制和定重制两种表示方法。

（1）定重制：是指纺织纤维或纱线单位质量的长度，包括公制支数和英制支数，数值越高，纱线越细。

①公制支数（N_m）：在公定回潮率时1g重的纱线所具有的长度（公支）。

不符合我国的法定计量单位制度，日常还习惯沿用，常用于毛、毛型、麻、绢纱线及棉纤维的细度。

②英制支数（N_e）：在英制公定回潮率时1磅（约0．453kg）重的棉纱线所具有840码的倍数（英支）。

不符合我国的法定计量单位制度，在国际贸易中还常用到，常用于棉纱。

（2）定长制：指纺织纤维或纱线单位长度的质量，包括线密度（tex）和纤度（旦），数值越大，纤维越粗。

①线密度（Tt）：在公定回潮率时1000m长的纤维或纱线的重量，单位为特克斯（tex），1tex=10dtex（分特）。

它是我国的法定单位，适于各种纤维和纱线。

②纤度（N_d）：公定回潮率时，9000m长的纤维或纱线的重量，也称旦数（D）。

不符合我国的法定计量单位制度，日常还习惯沿用，常用于表示蚕丝和化纤的细度。

2. 股线与复丝的细度表示方法

（1）股线的支数表示方法：以组成股线的单纱支数除以股数，如50/2，当股线中的单纱支数不同，则将单纱支数用斜线分开，如21/22/23。

（2）股线的特数表示方法：以组成股线的单纱特数乘以股数，如14×2，当股线中单纱特数不同时，则将单纱特数相加，如14+16。

（3）复丝的旦数表示方法：120D/20F表示复丝的细度为120旦，单丝根数为20根。

（二）纱线的捻度和捻向

纱线的性能由纤维性能和纱线结构及纺纱工艺决定。加捻是影响纱线结构的重要因素，可使纱线具有一定强度、弹性、手感和光泽等。

1. 捻度

捻度是指纱线单位长度内的捻回数，表示纱线的加捻程度的指标。

当纱线细度使用特数表示时，常以10cm内的捻回数来表示捻度，单位为“捻/10cm”；当纱线细度使用公支表示时，常以1m内的捻回数来表示捻度，单位为“捻/m”；当纱线细度使用英支表示时，常以每英寸内的捻回数来表示捻度，单位为“捻/英寸”。

纱线加捻程度的大小对纱线的强伸性、刚柔性、弹性、光泽及缩率等有直接影响，也关系到织物的手感、厚度、强度、耐磨性等。

2. 捻向

捻向是指纱线的加捻方向，有Z捻和S捻（图2-26）。

股线捻向的表示方法是：第一个字母表示单纱捻向，第二个字母表示股线捻向。一般双股线的捻向为ZS捻——单纱与股线异向捻。

纱线的捻向影响织物的光泽、纹路及手感等。

三、花式纱线的种类及应用

随着人们艺术素养、设计水平以及科学技术水平的提高，对纺织产品也提出了新的要求，各种色彩纷呈、结构新颖的花式纱线日益增多，恰好满足了人们的这种需求。

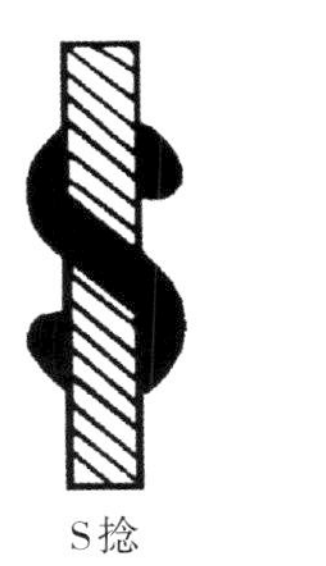

图2-26 纱线捻向

花式纱线的快速发展使花式纱线形成了独特的纱线分支。花式纱线的品种繁多，丰富的色彩和变化多端的形态效果，具有较强的装饰性。花式纱线织物花纹随意活络，织物层次丰富，布面肌理感强，达到增加织物花色品种的目的，因此被广泛地用于各种色织、精纺及粗纺花呢、毛衫、围巾、帽子、手提包及装饰织物等。

花式纱线的生产中心在西欧，领先的国家有英国、德国、意大利、法国和西班牙。花式纱线织物在法国女装中占40%，在意大利占19%。近年美国和日本也有较大发展。

花式纱线按外观特征主要有：

（1）印节线：在浅色的底色上印上较深的彩节，每节长10cm左右，间距较大（图2-27）。

（2）段染线：在同绞纱上染上多种（一般4~6种）色彩，似变幻的彩虹，织物具有色晕效果（图2-28）。

（3）扎染线：一绞纱分为两到三段，用棉纱绳扎紧（扎的长度一般为30mm左右），然后进行染色，由于扎紧的地方染液渗透不进去而产生一段白节。因每段白节均不等长，所以制成的织物具有自然随意的风格。

（4）彩点纱：在纱的表面附着各色彩点的纱。在深色底纱上附着浅色彩点，也有在浅色底纱上附着深色彩点。具有醒目的点缀效果，多用于粗纺花呢中的钢花呢（图2-29）。

（5）大肚纱：具有粗细分布不匀的外观，比竹节纱粗节更粗且长，而细节较短，纱线表面粗节凸起而呈绒毛状，织物立体感强（图2-30）。

（6）竹节纱：具有粗细分布不匀的外观，按外形可分为粗细节状或疙瘩状竹节纱，其织物外观粗犷，风格独特（图2-31）。

图2-27 印节线

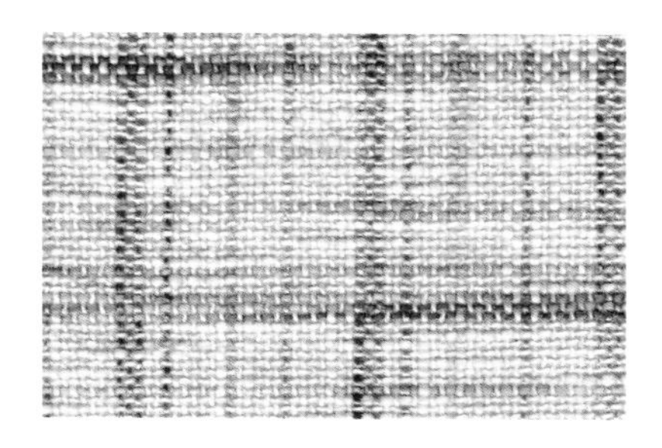

图2-28 段染线织物

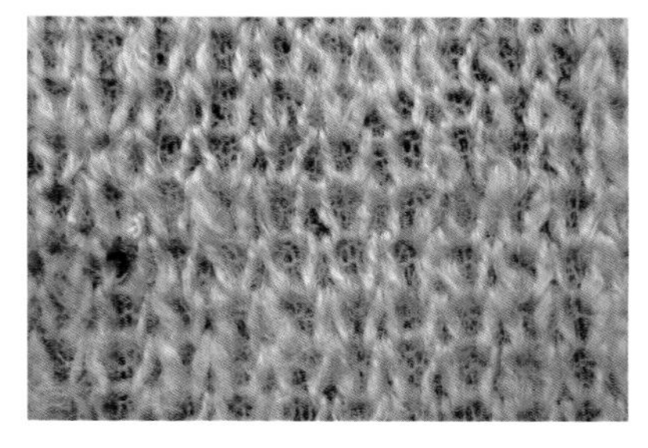

图2-29 彩点纱织物

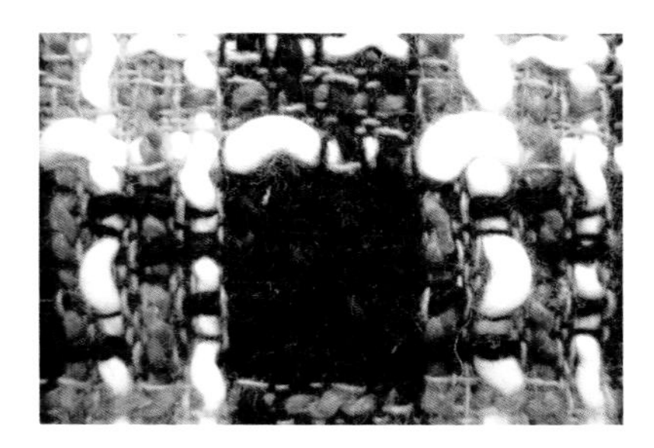

图2-30 大肚纱织物

（7）结子线：纱线表面形成一个个较大的结子，其织物表面具有醒目的结子，效果独特，立体感强（图2-32）。

（8）圈圈线：饰纱包绕在芯纱上，在纱线表面形成毛圈。毛圈大小、稀密不同，可以单色、双色或多色。其织物具有毛圈或珠珠特殊效应，蓬松柔软保暖，多用于冬季女装（图2-33）。

（9）断丝线：纱线上间隔不等距地分布着一段段另一种颜色的纤维或黏胶长丝（图2-34）。

（10）羽毛线：纱线表面形成一面有羽毛一面没有羽毛的效果，多用于针织品及装饰品（图2-35）。

（11）雪尼尔线：又称绳绒线，由芯纱和绒纱组成，其外表像一根绳子，表面布满绒毛。纤维被握持在合股的芯纱上，状如瓶刷。其中珠珠绳绒线独具风格，动感很强，其织物具有丝绒般的外观和柔软舒适的手感（图2-36）。

（12）牙刷线：即间段羽毛线。纱线表面是一段段的羽毛，看上去像牙刷，其织物表面具有断续的睫毛外观，风格独特（图2-37）。

（13）金属丝花式线：金属丝花式线是在涤纶薄膜经真空镀铝染色后切割成条状单丝（金丝、银丝、彩丝），由于涤纶薄膜延伸性大，往往要包上一根纱或线。其织物表面光泽闪烁，富有豪华之感。

（14）多色交并花式线：采用多根不同颜色的单纱或金银丝交并而成。

（15）波形线：饰纱在花式线两边形成弯曲的波形，其织物表面有一层密密的小波形，穿着非常舒适。

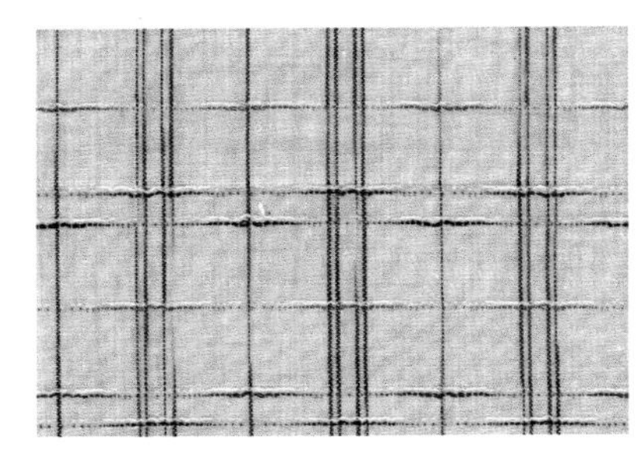

图2-31 竹节纱织物

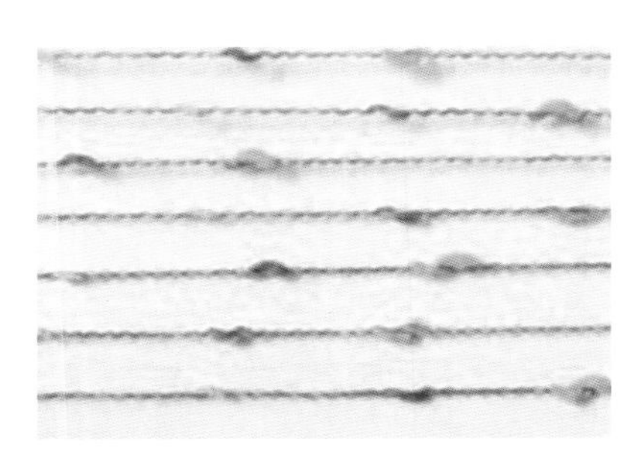

图2-32 结子线

图2-33 圈圈线织物

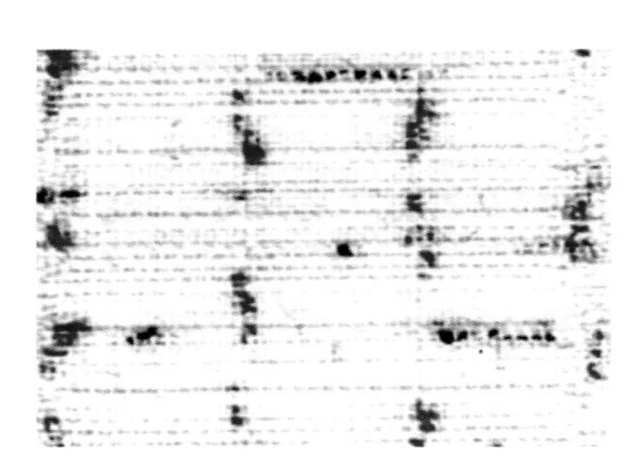

图2-34 断丝线织物

（16）辫子线：用一根强捻纱作饰纱，不规则、手感较粗硬的小辫子附着在芯纱和固纱间，辫子手感较粗硬（图2-38）。

图2-35 羽毛线

图2-36 雪尼尔线织物

图2-37 牙刷线

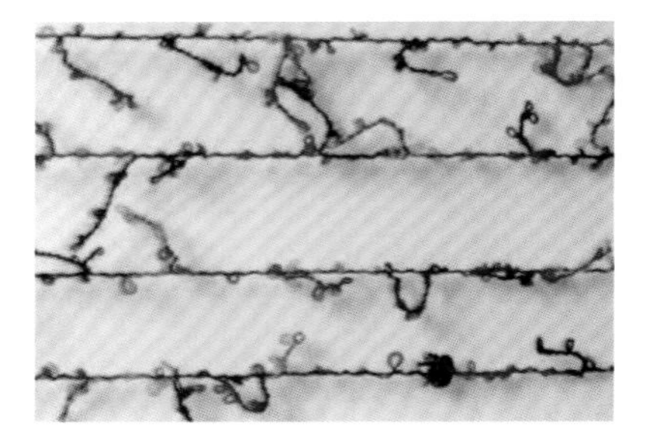

图2-38 辫子线

（17）松树线：纱线表面似五针松的松，用其织成的针织衫，其表面好像披上了一层松针，十分别致（图2-39）。

（18）蜈蚣线：纱线两边均有较稀的毛，像蜈蚣的足（图2-40）。

（19）带子线：将纱线织成扁平状的带子，可用于机织和针织产品，也可用于装饰物（图2-41）。

一种花式纱线可兼具几种花式纱线风格特征，称为复合花式纱线，如间隔染色大肚纱，间隔染色结子纱、金银丝断丝线等。花式纱线常与普通纱线结合制织彩色条格面料，层次更丰富；还常与不同的提花花纹结合，制织出图案、肌理和色彩俱佳的织物。

四、纱线对织物外观与性能的影响

（一）纱线的形态结构对织物外观与性能的影响

形态结构简单的短纤维纱线表面有毛羽，其织物具有良好的蓬松度、覆盖性和柔软度，手感温暖、光泽柔和。长丝纱线表面光滑，其织物手感滑爽、覆盖性差、光泽亮。形态结构简单的纱线要获得一定的色彩效应与肌理质感，须经过组织设计、印染或特殊整理。

形态结构特殊的花式纱线，采用简单的组织结构就可以使织物拥有斑斓的色彩和特殊的肌理。变形纱可使织物蓬松、丰满、柔软、光泽柔和，具有短纤维织物的外观风格。而包芯纱使织物既有外包纱的质感与性能，又表现出芯纱的特殊性。

（二）纱线的细度对织物外观与性能的影响

纱线较细，织物手感柔软细腻、光滑、轻薄紧密。纱线较粗，织物的纹理较清晰、质感厚重、丰满，保暖性、覆盖性和弹性较好，风格粗犷质朴。纱线细度的均匀性直接影响织物外观，若细度不匀性较大，则织物表面不平整，厚薄不均，光滑度不佳。纱线细度还影响织物的拉伸性、弹性及耐磨性等。

（三）纱线的捻度对织物外观与性能的影响

在一定范围内纱线捻度增大，纱线的强力也随之增大，织物光泽减弱，手感变硬，蓬松度下降，表面较光洁，起毛起球性减小。各种织物对纱线的捻度要求不同，起绒织物、化学纤维仿毛织物，纱线捻度要小，便于起绒、增强毛型感；挺爽感强的织物，则捻度要大，如巴厘纱、麻纱；绉类织物，纱线采用强捻以获得绉效应，织物缩水率大，吸湿性和染色性降低，如真丝双绉、乔其纱；无捻长丝可制织出平滑光亮的丝型织物。

（四）纱线的捻向对织物外观与性能的影响

纱线的捻向与织物的外观、手感也有很大关系。纱线的捻向与组织的纹路方向合理搭配可使织纹更加清晰、突出，如右斜纹织物，当经纱为S捻，纬纱为Z捻时，经纬纱的捻向与斜纹方向相垂直，斜纹纹路清晰，且经纬纱线采用不同捻向配置，织物光泽较好，手感较松厚柔软；同一系统的纱线采用不同捻向配置，由于不同捻向的纱线对光的反射方向不同，织物表面可呈现隐条、隐格效应。

图2-39　松树线

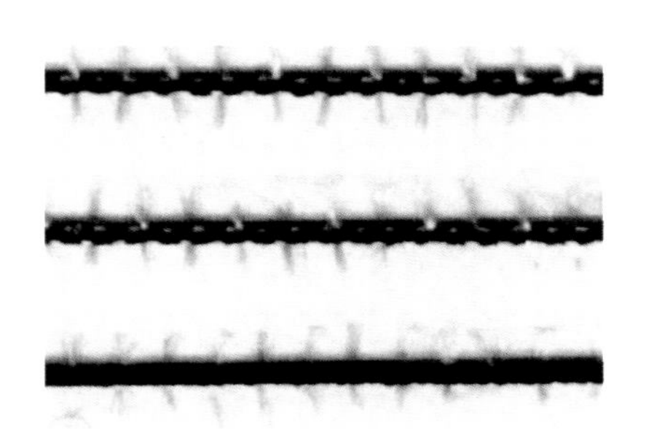
图2-40　蜈蚣线

图2-41　带子线

第三节　织物组织结构

织物的组织结构是影响织物服用性能与风格特征的重要因素，同时也是织物设计的基本因素，一般包括织物组织、织物紧密度。本节主要介绍一些有关织物组织结构的知识。

一、机织物

（一）基本概念

1. 织物组织

机织物中经纬纱相互交错或彼此沉浮的规律称为织物组织。

2. 组织点

经纬纱相交叉的点称为组织点。在组织点处，经纱浮于纬纱之上的点称为经组织点或经浮点，纬纱浮于经纱之上的点称为纬组织点或纬浮点。

在织物组织中，连续浮在另一系统纱线上的纱线长度称为浮长，可分为经浮长和纬浮长。

3. 组织图

织物组织的表达形式有织物交织示意图（图2-42）和织物组织图（图2-43），通常采用织物组织图的形式，即用小方格的形式来表示织物组织的图解。组织图中纵列表示经纱，横行表示纬纱，经组织点涂有符号，纬组织点空白。

4. 组织循环

当经纬纱的浮沉规律达到循环时，构成一个组织循环或一个完全组织。构成一个完全组织的经纱数称为经纱循环数，用R_j表示；构成一个完全组织的纬纱数称为纬纱循环数，用R_w表示。一个组织循环的大小是由R_j、R_w决定的。

一个完全组织中经组织点多于纬组织点时称为经面组织，相反则称为纬面组织。

5. 组织点飞数

在组织循环中，同一系统相邻两根纱线上相应的经（纬）组织点间相距的组织点数称为飞数。用S_j表示经向飞数，即相邻两根经纱上相应的经（纬）组织点间相距的组织点数，以向上为正，向下为负；用S_w表示纬向飞数，即相邻两根纬纱上相应的（经）纬组织点间相距的组织点数，以向右为正，向左为负。图2-44纬向飞数为5。

在组织循环中，组织点飞数为常数的组织称为规则组织；组织点飞数

图2-42　交织示意图

图2-43　组织图

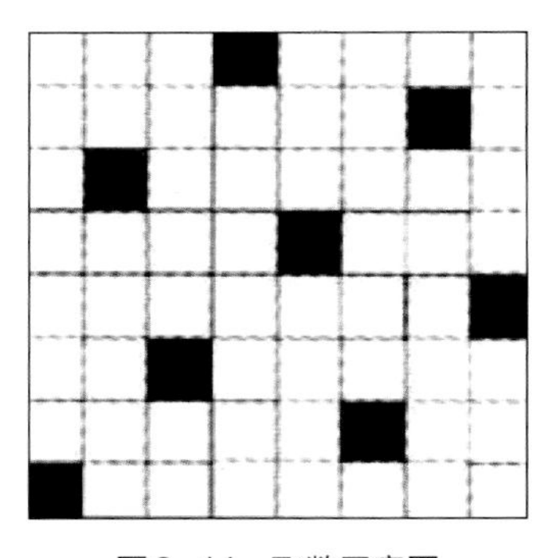
图2-44　飞数示意图

为变数的组织称为不规则组织。

6．配色模纹

把织物组织与纱线的颜色结合起来，在织物表面由不同颜色构成的花纹称为配色模纹。这说明织物的外观不仅与组织结构有关，同时与经纬纱颜色的配合也有密切关系，它将使织物的外观更加丰富多彩，应用较广泛，若与印染相结合，可以得到更为优美的花色品种，如图2-45所示。

（二）机织物组织

织物组织可分为原组织、变化组织、联合组织、复杂组织等。

1．原组织

原组织是各种织物组织的基础，又称基本组织。原组织包括平纹、斜纹和缎纹组织，故又称为三原组织。

原组织的特征：$R_j=R_w$；飞数S=常数；在一个组织循环中，每根经纱或纬纱上只有一个经或纬组织点。

（1）平纹组织：最简单的织物组织（图2-46）。

组织参数：① $R_j=R_w=2$。

② $S_j=S_w=1$。

平纹组织可用分式$\frac{1}{1}$表示，称为一上一下，其分子表示经组织点，分母表示纬组织点。

外观效应：布面平整，织物正反面一样，属同面组织。

主要特性：平纹组织交织点最多，纱线屈曲最多，布面平整、硬挺、坚牢耐磨，但密度不能过大，弹性较小，光泽一般。

应用：平布、府绸、凡立丁、派力司、薄花呢、双绉及电力纺等。

（2）斜纹组织：根据斜纹方向分为右斜纹↗和左斜纹↖（图2-47）。

组织参数：① $R_j=R_w\geqslant3$。

② $S_j=S_w=\pm1$。

斜纹组织一般用分式表示。对于原组织的斜纹，分子或分母必有一个等于1。斜纹织物可分为单面斜纹和双面斜纹。

单面斜纹：正反面经纬纱浮长不等，正面有斜向纹路，反面没有，分为经面斜纹和纬面斜纹（图2-48）。

双面斜纹：正反面经纬纱浮长相等，两面有斜向纹路，但方向相反。

外观效应：织物表面呈现由经或纬浮长线构成的斜向织纹。

主要特性：与平纹组织相比，斜纹组织浮线较长，组织中不交错的经（纬）纱容易靠拢，使织物比较紧密厚实、手感柔软，光泽和弹性也较好。但在纱线特数和密度相同条件下，斜纹织物的强力和耐磨性比平纹织物差。

应用：哔叽、卡其、华达呢、斜纹绸及美丽绸等。

（3）缎纹组织：分为经面缎纹和纬面缎纹，织物正面呈现经浮长线的称为经面缎纹，织物正面呈现纬浮长线的称为纬面缎纹。

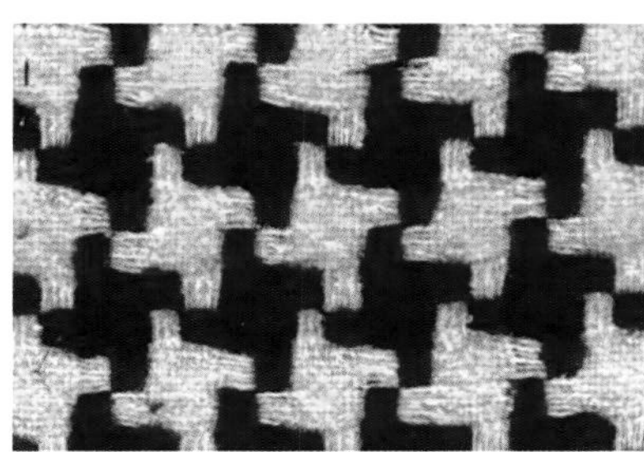

图2-45　织物的配色模纹

图2-46　平纹组织

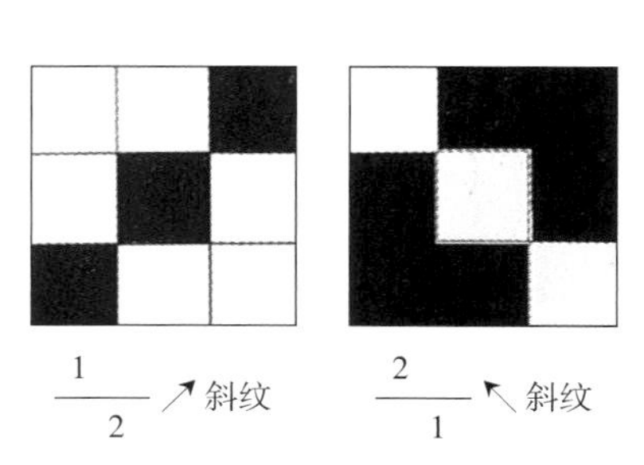

图2-47　斜纹组织

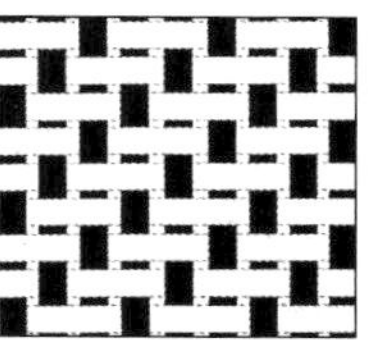
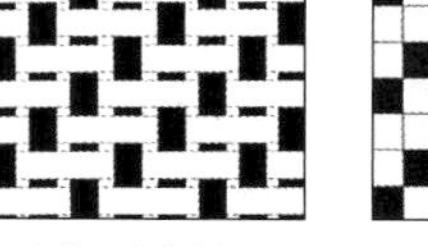
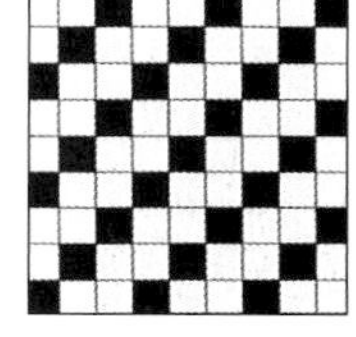

图2-48　单面斜纹组织

组织参数：

① $R_j=R_w \geq 5$（6除外）。

② $1<S<R-1$，并在整个组织循环中始终保持不变。

③ R与S必须互为质数。

缎纹组织可用分式表示：分子表示组织循环纱线数，简称“枚数”，分母表示缎纹组织的飞数，经面缎纹则为经向飞数，纬面缎纹则为纬向飞数。

如$\frac{8}{3}$经面缎纹和$\frac{8}{3}$纬面缎纹（图2-49）。

外观效应：柔软平滑，富有光泽。

主要特性：单独组织点为两旁浮长线所“遮盖”，浮长线长且多，使织物平滑光亮、质地柔软、细腻、悬垂性好，但坚牢度差，耐磨性差，易起毛钩丝，不易水洗。

交织示意图　组织图

$\frac{8}{3}$ 经面缎纹

交织示意图　组织图

$\frac{8}{5}$ 纬面缎纹

图2-49　缎纹组织

应用：棉织物中直贡缎、横贡缎，毛织物中贡呢，丝织物中软缎、绉缎、织锦缎等。除服装外还常用于被面、装饰品等。

2. 变化组织

变化组织是在原组织的基础上，变更原组织的浮长、飞数和斜纹线方向等而派生的各种组织。变化组织仍保留着原组织的一些基本特征。常见的变化组织有：

（1）平纹变化组织：有重平、方平以及变化重平和变化方平等组织（图2-50～图2-52）。$\frac{2}{1}$变化纬重平组织常用于麻纱的织物组织。花呢中的板司呢采用$\frac{2}{2}$方平组织。

（2）斜纹变化组织：有加强斜纹、复合斜纹、山形斜纹、破斜纹、角度斜纹（急、缓斜纹）、曲线斜纹、菱形斜纹、锯齿斜纹、芦席斜纹等组织，广泛用于棉型、毛型等织物中（图2-53）。

（3）缎纹变化组织：有加点缎纹及变则缎纹组织，加点缎纹应用广泛，变则缎纹一般用于顺毛大衣呢、女式呢及花呢等（图2-54）。

3. 联合组织

由两种或两种以上的原组织或变化组织联合而成的织物组织。联合组织的应用使机织物花色更丰富，表面可呈现几何图形或小花纹效应。

按联合方式和外观效应，可分为条格组织、绉组织、透孔组织、蜂巢组织、凸条组织、网目组织等。

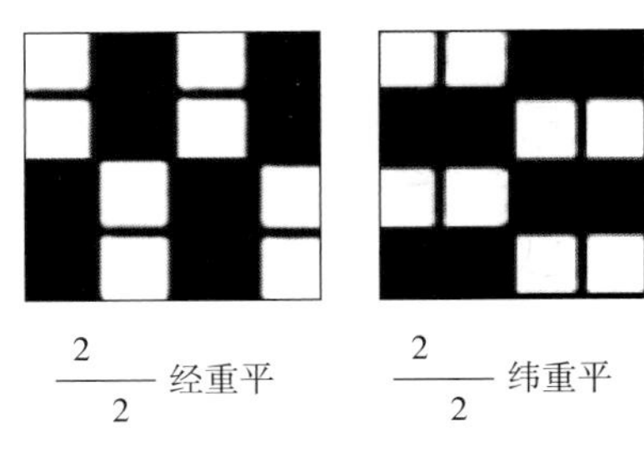

$\frac{2}{2}$ 经重平　$\frac{2}{2}$ 纬重平

图2-50　重平组织

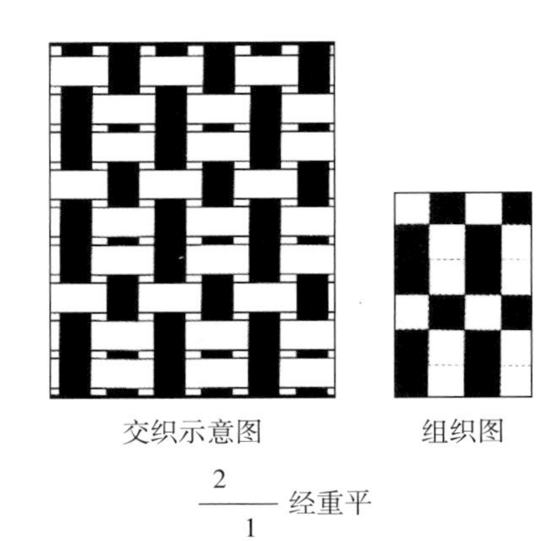

交织示意图　组织图

$\frac{2}{1}$ 经重平

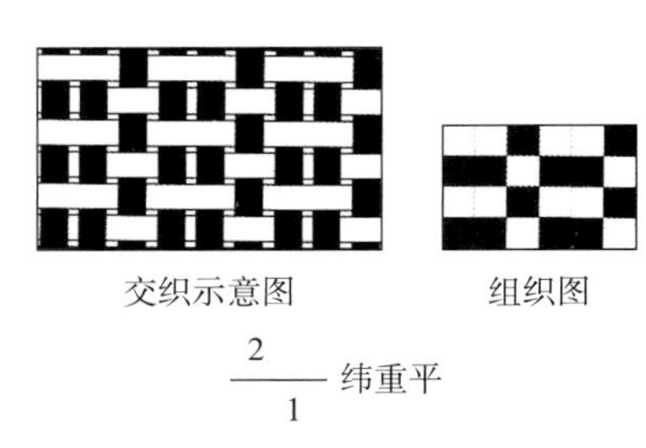

交织示意图　组织图

$\frac{2}{1}$ 纬重平

图2-51　变化重平组织

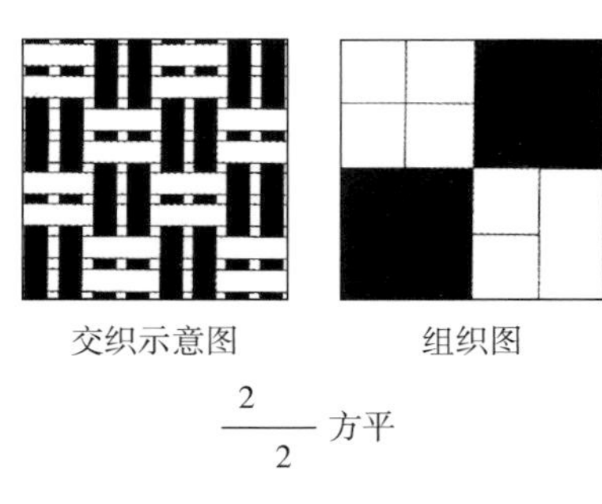

交织示意图　组织图

$\frac{2}{2}$ 方平

图2-52　方平组织

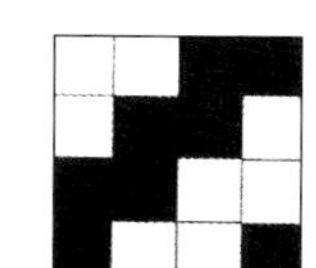

交织示意图　　组织图

（1）加强斜纹

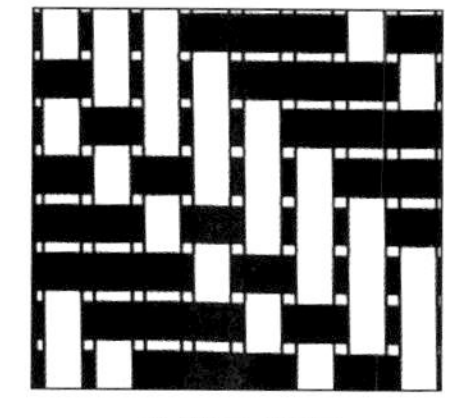
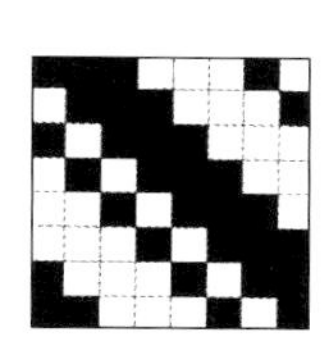

交织示意图　　组织图

（2）复合斜纹

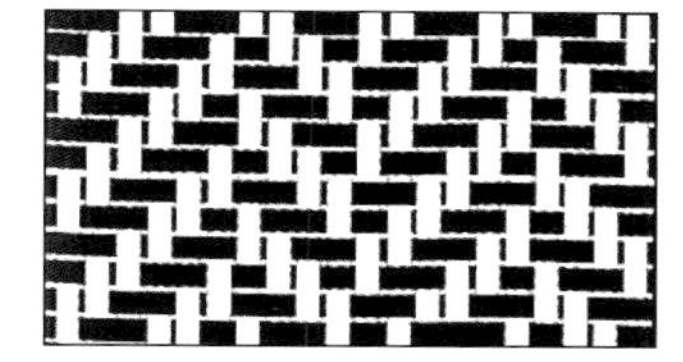

交织示意图

组织图

（3）破斜纹

图2-53　斜纹变化组织

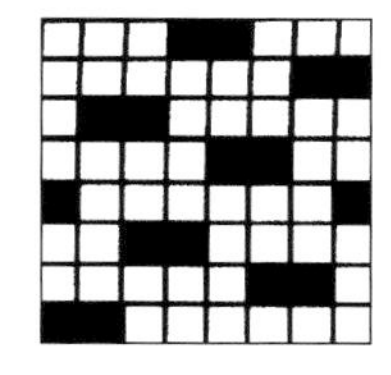

（1）加点缎纹

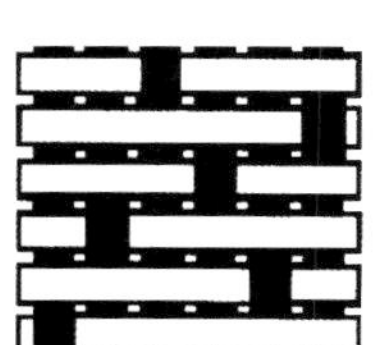
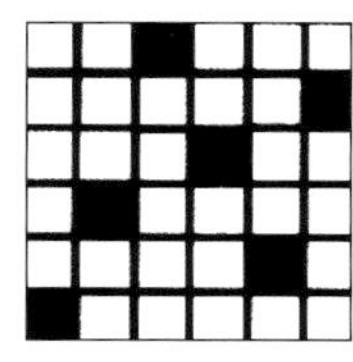

（2）变则缎纹

图2-54　缎纹变化组织

图2-55　条格组织织物

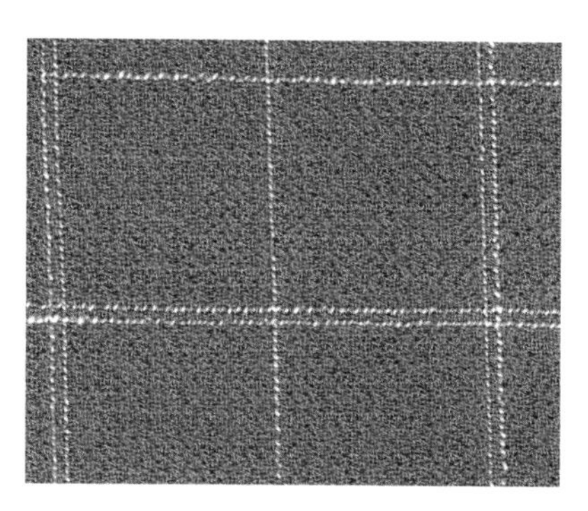

图2-56　绉组织织物

图2-57　透孔组织织物

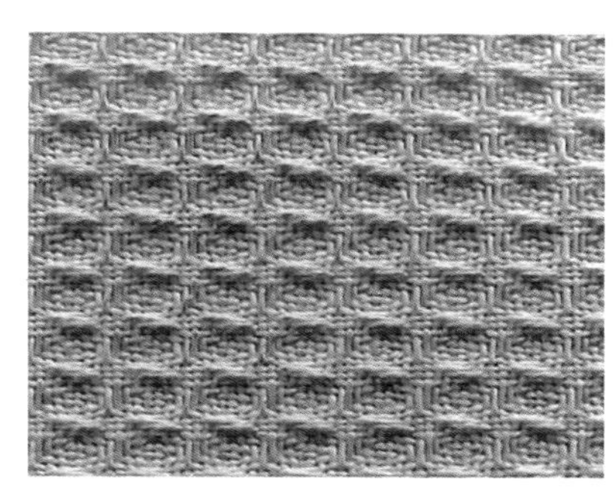

图2-58　蜂巢组织织物

（1）条格组织：是运用两种或两种以上组织并列，使织物表面形成条纹，条纹之间界限分明，组织点相反。利用经面组织和纬面组织沿经纬向成格形间跳配置，处于对角位置，可配置相同的组织点，常用于织制手帕、头巾、被单及色织面料等（图2-55）。

（2）绉组织：是利用经纬纱不同浮长交错排列，使织物表面具有分散、规律不明显的细小颗粒状外观以及绉效应的织物组织。这种织物手感柔软、厚实、有弹性，光泽柔和。常用于各类花呢、女式呢等（图2-56）。

（3）透孔组织：是利用平纹和经重平组织联合构成，其织物表面具有均匀分布的小孔。透孔组织与复杂组织中的纱罗组织类似，故又称“假纱罗组织”或“模纱组织”。常用于较稀薄的夏季服装用织物（图2-57）。

（4）蜂巢组织：是织物表面形成边高中低的凹凸方形格花纹，形似蜂巢。蜂巢组织织物比较松软，吸水性良好，常用于织制围巾等（图2-58）。

（5）凸条组织：是由平纹或斜纹与平纹变化组织组合而成，其织物外观具有纵向、横向或斜向的凸条效应，又称为灯芯条组织。凸条表面呈现平纹或斜纹，凸条之间有细沟槽，常用于棉灯芯布、色织线呢等（图2-59）。

（6）网目组织：是以平纹组织为

底组织，在经纬向分别间隔地配置单根或双根交织点的平纹变化组织。网目组织织物交织点较少的经纱或纬纱浮现在表面呈扭曲状，其织物具有较强的装饰性（图2-60）。

4. 复杂组织

复杂组织织物经、纬纱线中至少有一个方向由两个或两个以上系统的纱线组成。这种组织能够增加织物厚度而表面致密；提高织物的耐磨性而质地柔软；提高织物的透气性而结构稳定；能够赋予织物一些特殊性能和配色花纹等。复杂组织织物中的多数织物正反两面的花纹图案不同。

复杂组织可以原组织、变化组织和联合组织为基础组织，根据复杂组织结构的不同，主要有重组织、多层组织、起毛组织、毛巾组织、纱罗组织等。常用于毛织物中的牙签条、缎背华达呢、双面花呢、上下交替格子呢、织锦缎等。

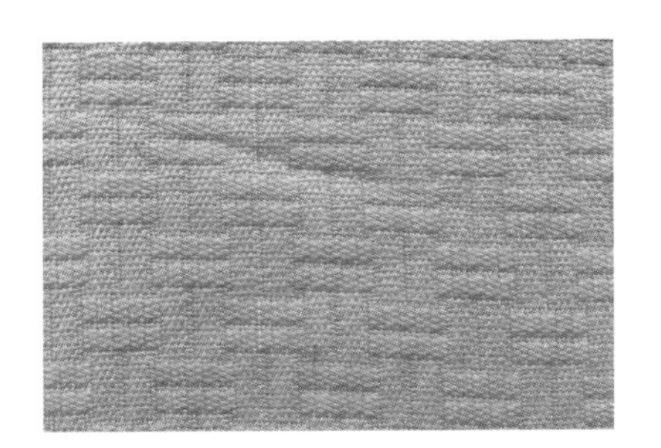

图2-59 凸条组织织物

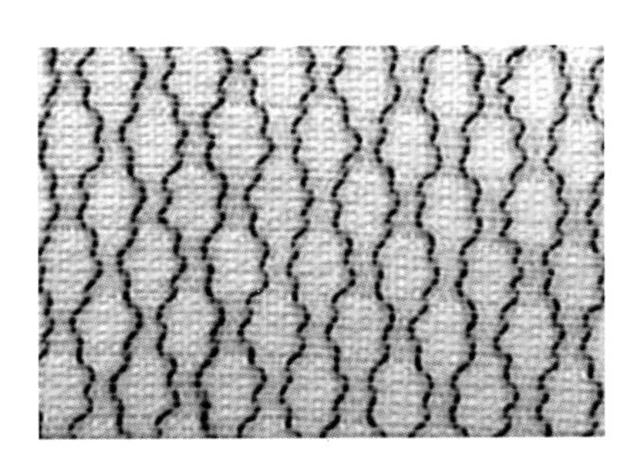

图2-60 网目组织织物

（1）重组织：是由两个或两个以上系统的经纱（或纬纱）与一个系统纬纱（或经纱）交织，形成二重或二重以上的重叠织物。

重组织分为经重组织和纬重组织，由多个系统的经纱与一个系统的纬纱交织而成的组织称为经重组织，由多个系统的纬纱与一个系统的经纱交织而成的组织称为纬重组织。织物正反面可以用相同或不相同的组织、纱线细度和颜色，以呈现不同的花纹。经二重组织多用于较厚实的高级精纺毛织物及经起花织物，纬二重组织多用于丝型织物。

（2）多层组织：是由多个系统经纱分别与多个系统纬纱交织形成相互重叠的上下多层的织物。

根据花纹图案的要求，利用上下层纱线颜色的不同，使表层和里层的纱线相互交换，构成表里换层双层组织；利用各种不同的接结方法，使两层织物紧密地连接在一起，构成接结双层组织（图2-61）。双层组织可用于厚重的毛织物和各种花式效应织物。

（3）起毛组织：是利用特殊的织物组织和整理加工，使部分纬纱（或经纱）切断而在织物表面形成毛绒的组织。纬起毛组织由一组经纱与两组纬纱构成，由纬纱形成毛绒，如灯芯绒、拷花大衣呢等（图2-62）。经起毛组织由二组经纱与一组纬纱构成，由经纱形成毛绒，如经平绒、天鹅绒及长毛绒等。

（4）纱罗组织：是依靠经纱相互扭绞与纬纱交织，使织物表面呈清晰而均匀小孔的组织。绞经与地经扭绞一次，织入纬纱，称为纱组织。绞经与地经扭绞一次，织入三根（或三根以上奇数）纬纱，称为罗组织（图2-63）。纱罗织物质地轻薄，透气性好，结构稳定，可用于夏季衣料、窗纱及蚊帐等。

5. 提花组织

（1）小提花组织：是运用两种或两种以上的组织形成小花纹的组织。

应用两种或两种以上组织或浮长分别作花、地组织，地组织一般选择循环较小的原组织，根据花纹需要在相应位置配置其他组织，形成一定外观效果的花纹，如条形、散点、菱形、山形、曲线形、不规则几何形等。多用于毛织物和棉织物，如

（1）表里换层双层组织织物

（2）表里接结双层组织织物

图2-61 双层组织织物

图2-64所示。

（2）大提花组织：是在提花机上织造的大花纹的组织。组织循环经纱数有的可达到数千根。大多由一种组织为地，另一种组织显花，也有用不同组织、不同颜色的经纬纱，织出带有色彩的大花纹。

根据织物的结构，大提花组织可分为简单和复杂大提花组织：

①简单大提花组织：采用一个系统经纱和纬纱，应用简单组织构成花纹图案的组织，多用于棉型织物。

②复杂大提花组织：采用一个系统以上经纱或纬纱，应用复杂组织构成花纹图案的组织。根据大提花组织的结构和特征，可分为大提花重纬、重经、双层、起毛和提花纱罗等织物，多用于丝型织物（图2-65）。

（三）机织物紧密度

1. 织物密度

织物经纬密度是指沿织物纬（经）向单位长度内排列的经（纬）纱根数，即纱线排列的疏密程度。织物密度一般用根/10cm表示。

织物密度的大小根据其品种、用途、结构等而定，一般经密大于纬密。织物密度配置一方面与织物服用时的要求有关，另一方面与织物生产时较大的经纱张力和生产效率有关。织物的经纬密配置还影响其外观效应，如府绸织物，为突出经向纱线颗粒状的效应，经密常是纬密的2倍；经面缎纹织物的经密大大超过纬密，纬面缎纹织物的纬密大大超过经密。

织物的密度影响其手感、吸湿性、透气性、保暖性、强力等性能。

2. 织物紧度

当比较两种组织相同而纱线粗细不同的织物紧密程度时，不能仅用织物的经纬密度来评定，而应采用织物的相对密度指标即织物紧度来评定。

织物的经纬向紧度是指织物中经纱或纬纱的覆盖面积占织物全部面积的百分比，织物的总紧度是指织物中经纬纱的覆盖面积占织物全部面积的百分比。在织物组织相同的条件下，织物紧度越大，表示织物越紧密。

（四）机织物规格

机织物的规格包括织物的名称、纤维原料、纱线线密度、织物经纬密度、织物组织及产品幅宽、匹长、单米重等内容。

图2-62 纬起毛组织织物

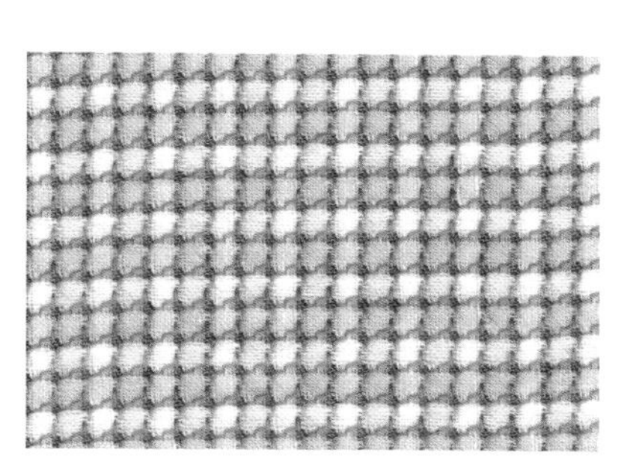

图2-64 小提花组织织物

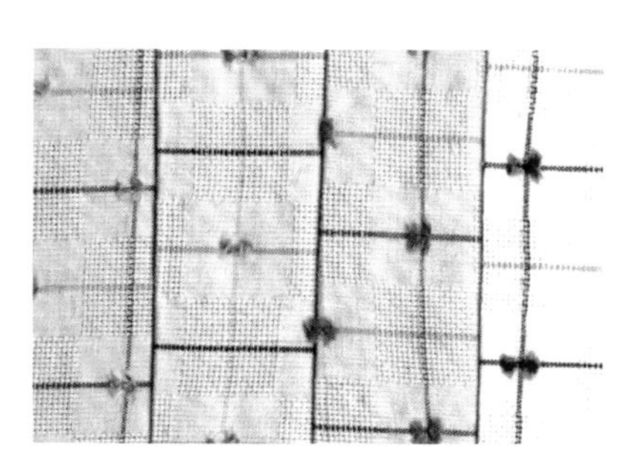

图2-63 纱罗组织织物

图2-65 大提花组织织物

二、针织物

随着针织业的发展及高新技术的广泛应用，针织产品的品种越来越丰富，设计水平越来越高，应用领域越来越广，逐渐从内衣、T恤衫、羊毛衫、袜品等发展为风格独特、系列化、时装化的外衣型，具有广阔的发展前景。

（一）针织物分类

1. 按生产方式分

（1）纬编针织物：在纬编针织机上，用一根（或数根）纱线沿横向顺序逐针弯曲成圈并在纵向相互串套而成的织物。纬编针织物具有较高的伸缩性，易于脱散，单面织物易卷边，适用于内衣、毛衫、T恤衫、运动服、休闲装、袜子和手套等（图2-66）。

（2）经编针织物：在经编针织机上，用一组（或几组）纵向平行排列的纱线同时弯曲成圈并相互串套而成的织物。经编针织物尺寸稳定性较好，伸缩性比纬编针织物小，不易脱散，适用于时装、外衣面料及装饰织物等（图2-67）。

2. 按成形方法分

（1）成形产品：在织造过程中通过增减织造的针数可以改变织物的形状和宽度，从而完成产品所需的形状与尺寸，织成全成形或半成形产品，

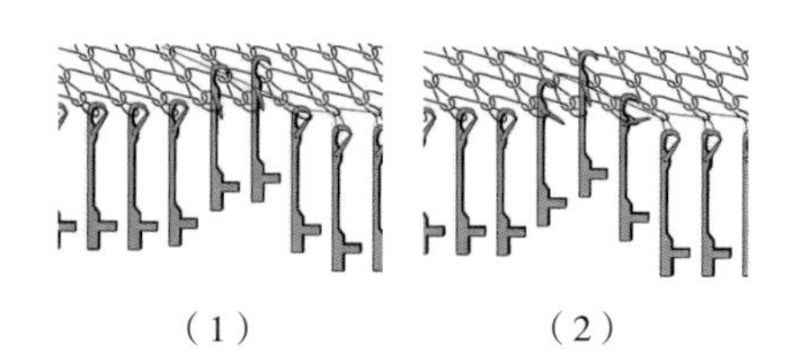

图2-66　纬编过程示意图

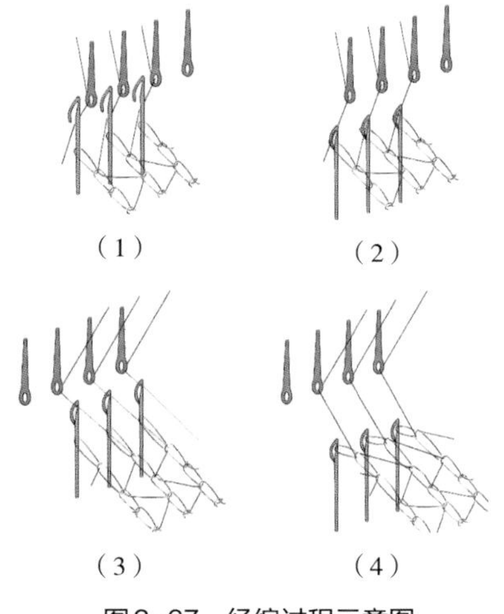

图2-67　经编过程示意图

如袜子、手套、羊毛衫等。

（2）针织坯布：在织造过程中采用固定针数加工而成，并具有一定幅宽的织物。针织坯布需经过裁剪、缝制成为各种针织外衣、棉毛衫裤等。

3. 按针织物单双面分

（1）单面针织物：是用单针床织制的针织物，织物的一面全为正面线圈，另一面全为反面线圈，两面有显著不同的外观。单面针织物易卷边，需定型整理，以便于裁剪缝纫。

（2）双面针织物：是用双针床织制的针织物，分为双正面和双反面针织物，双正面针织物的两面外观都显示正面线圈。双反面针织物的两面外观都显示反面线圈。其织物较厚实、尺寸稳定性较好，卷边性小。

4. 按针织物组织分

按织物的组织可分为基本组织、变化组织、花式组织和复合组织。

（二）针织物主要特性

针织物尤其纬编针织物由于线圈结构，与机织物相比具有如下特性。

1. 伸缩性

伸缩性包括延伸性和弹性。延伸性是织物在受外力拉伸时伸长的性能；弹性是织物所受外力去除后，回复原状的能力。针织物的伸缩性大，会造成织物尺寸的不稳定性，给服装加工带来麻烦；在服装穿着时，容易伸长、松懈，起拱变形及歪斜走样等；在服装洗涤和悬挂时，容易变形。

2. 卷边性

在自由状态下，由于织物正反面结构的不同而造成内应力不平衡，导致织物边缘包卷的性能。它会影响服装的裁剪、缝纫等加工，但也可以利用这种特性形成一种特殊款式。

3. 脱散性

由于纱线断裂而引起线圈与线圈彼此分离的性能。它会影响织物的外观、服用性和使用寿命等。

（三）针织物组织结构

1. 针织物密度

针织物密度是指单位长度或单位面积内的线圈数，表示针织物的稀密程度，通常情况下，用纵向密度、横向密度及总密度来表达。

纵向密度：5cm内线圈纵行方向的线圈横列数。

横向密度：5cm内线圈横列方向的线圈纵行数。

总密度：25cm^{2}内的线圈数，它等于横密与纵密的乘积。

2. 针织物组织

（1）纬编针织物组织：基本组织是针织物组织的基础，如纬平针、罗纹、双反面组织；变化组织，如双罗纹组织；花色组织，如添纱、衬垫、集圈、毛圈、长毛绒组织等。

①纬平针组织：由纱线在织物横向形成连续的单元线圈，并在纵向依次串套而成，是单面纬编针织物的基本组织（图2-68）。

纬平针组织织物一面呈现出正面

线圈效果，即沿线圈纵行方向呈连续的“V”形外观，平整光滑，另一面呈现出反面线圈效果，即由横向相互连接的圈弧所形成的波纹状外观，光泽较暗淡。织物比较轻薄，横向比纵向延伸性大，卷边严重，极易脱散，有时还会产生线圈歪斜，从而在一定程度上影响织物外观和使用。纬平针组织较适用于内衣、T恤衫、毛衫、袜子和手套等。

②罗纹组织：由正面、反面线圈纵行以一定组合相间配置而成，是双面纬编针织物的基本组织（图2-69）。

罗纹组织织物根据正反面线圈纵行的不同组合，如1+1、2+2、2+1等，呈纵条纹外观，横向具有较大的延伸性和弹性，且密度越大弹性越好，尤其是织物中织入氨纶弹力纱线。正反面线圈数相同的罗纹组织，两面的卷边力平衡，不出现卷边现象。正（反）面线圈较多的罗纹组织，同类线圈的纵行可产生包卷现象，逆编织方向脱散。罗纹组织常用于贴身或紧身的弹力裤衫，内衣、毛衫等的领口、袖口、裤口、裤腰、下摆等。

③双罗纹组织：由两个罗纹组织彼此复合而成，即在一个罗纹组织的线圈纵行之间配置了另一个罗纹组织的线圈纵行（图2-70）。

双罗纹组织织物正反两面外观相同，均为正面线圈覆盖，表面平整，手感柔软厚实，保暖。伸缩性比罗纹组织小，尺寸稳定性好，不卷边，不易脱散，但边缘横列可逆编织方向脱散。原料以棉、腈纶为多。适用于棉毛衫裤、T恤衫、休闲服、运动服等。

④双反面组织：由正面线圈横列和反面线圈横列交替配置而成，是双面纬编针织物的基本组织（图2-71）。

双反面组织织物比较厚实，具有纵横向伸缩性相近的特点，卷边性依正面线圈横列和反面线圈横列的组合不同而不同，一般不会发生卷边现象。脱散性与纬平针组织相同。双反面组织适用于毛衫、头巾及手套等。

⑤集圈组织：在针织物的某些线圈上，除套有一个封闭的旧线圈外，还有一个或几个未封闭的悬弧（图2-72）。

根据集圈悬弧跨过针数的多少，集圈组织可分为单针集圈、双针集圈和三针集圈等。根据某一针上连续集圈的次数，集圈组织又可分为单列、

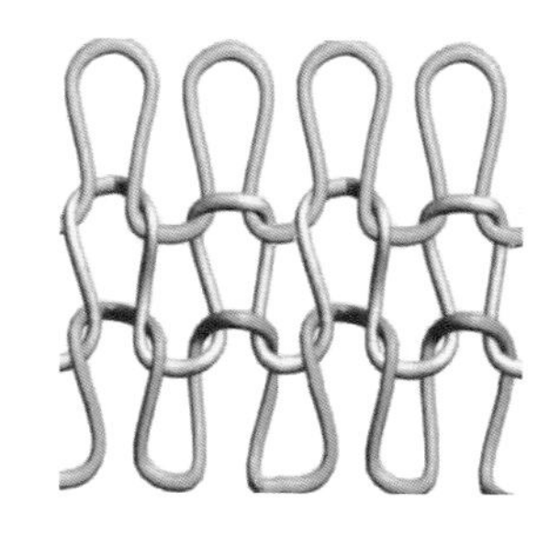

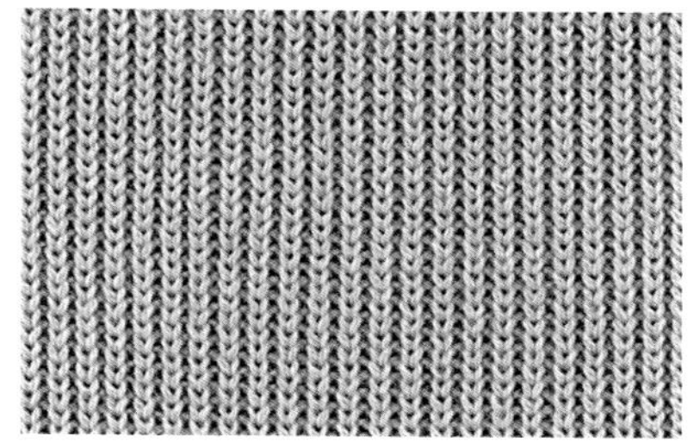

（1）1+1罗纹组织织物

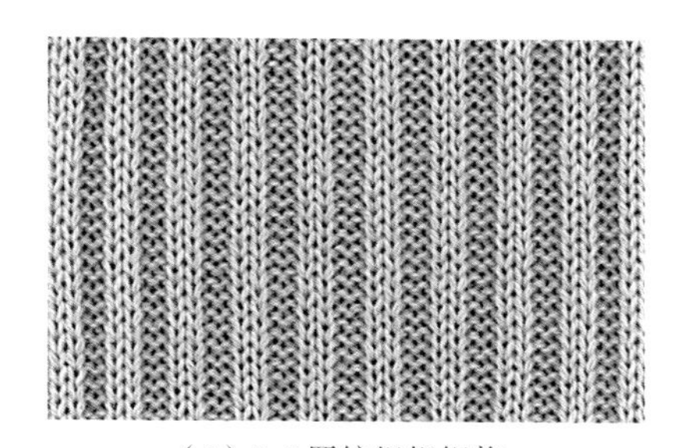

（2）2+2罗纹组织织物

图2-69 罗纹组织及织物

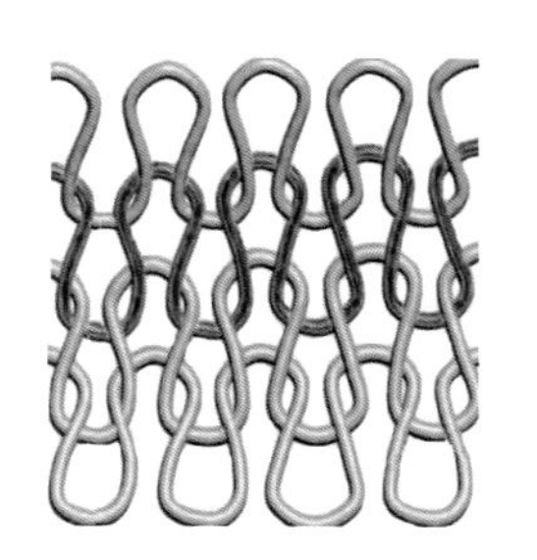

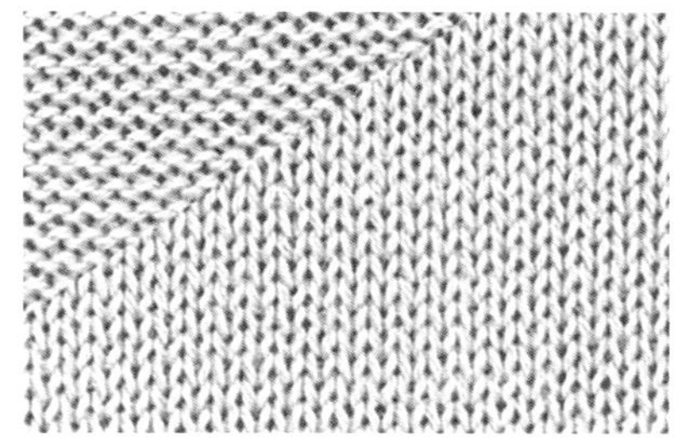

图2-68 纬平针组织及织物

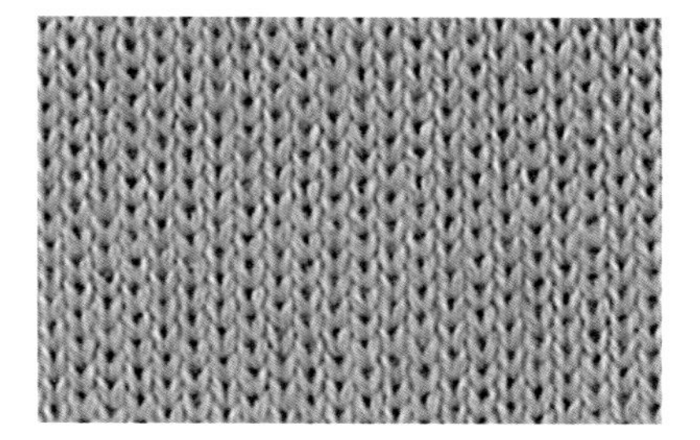

图2-70 双罗纹组织及织物

双列及多列集圈。

集圈组织有单面集圈和双面集圈两种，单面集圈是在纬平针组织基础上进行集圈编织而形成，利用集圈单元在平针中的排列可形成凹凸和网孔等各种花色效应，采用色纱编织可形成彩色花纹效应；双面集圈一般是在罗纹组织或双罗纹组织基础上进行集圈编织而成。不仅可以生产带有集圈效应的针织物，还可利用集圈单元来连接两个针床分别编织的平针线圈，得到两面风格不同的织物和具有一定间隔厚度的织物。

集圈组织利用集圈的排列和不同色彩的纱线，可编织出表面具有图案、闪色、孔眼及凹凸等效应的织物。相较纬平针和罗纹组织织物，集圈组织织物厚度大，横向伸缩性小，强度较小，脱散性较纬平针组织小，但易抽丝。

⑥添纱组织：指织物上的全部线圈或部分线圈由两根或两根以上的纱线形成，各纱线所形成的线圈按照要求分别处于织物的正面或反面，最常用的是两根纱线所形成的添纱组织。

添纱组织可分为全部线圈添纱和部分线圈添纱两大类。以平针为地组织的全部线圈添纱组织适用于功能性、舒适性要求较高的内衣和T恤衫面料。目前用的更多的是将氨纶弹力纱添加到地组织中以增加织物的弹性和尺寸稳定性；部分添纱组织延伸性和脱散性较相应的地组织小，但容易引起钩丝，主要适用于袜品和无缝内衣。

⑦衬垫组织：是在地组织的基础上衬入一根或几根衬垫纱线，按照一定比例在织物的某些线圈上形成不封闭的悬弧，在其余的线圈上呈浮线形式停留在织物反面（图2-73）。

衬垫组织最常用的地组织是平针组织和添纱组织。添纱衬垫组织可通过起绒形成绒类织物，衬垫纱通过拉毛形成短绒，提高织物的保暖性。起绒织物表面平整，保暖性好，适用于保暖服装和运动衣等；平针衬垫组织通常不进行拉绒，适用于休闲装和T恤衫。

⑧毛圈组织：由地组织线圈和带有拉长沉降弧的毛圈线圈组合而成，一般由两根纱线编织，一根编织地组织线圈，另一根编织毛圈线圈，两根纱线所形成的线圈以添纱的形式存在于织物中（图2-74）。

毛圈组织可分为普通毛圈和花色毛圈，并有单面毛圈和双面毛圈之分。

普通毛圈组织是每一个地组织线圈上都有一个毛圈线圈，而且所形成的毛圈长度一致，又称满地毛圈，能得到最密的毛圈。普通毛圈的地组织为平针组织，毛圈通过剪毛可以形成天鹅绒织物，是一种应用广泛的毛圈组织；花色毛圈组织是通过毛圈形成花纹效应的毛圈组织。可分为提花毛圈组织、浮雕花纹毛圈组织、高低毛圈组织及双面毛圈组织等。

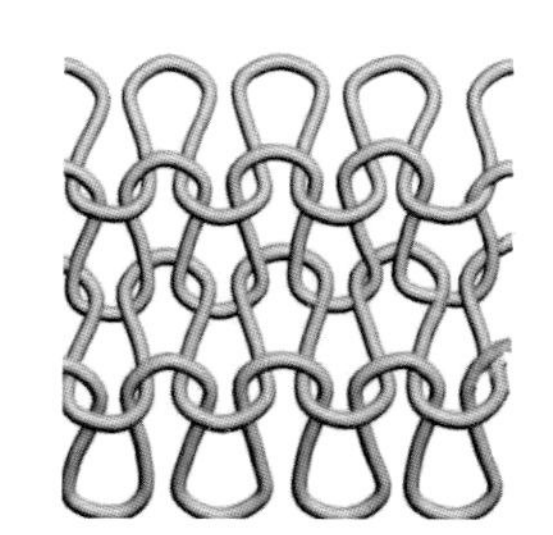
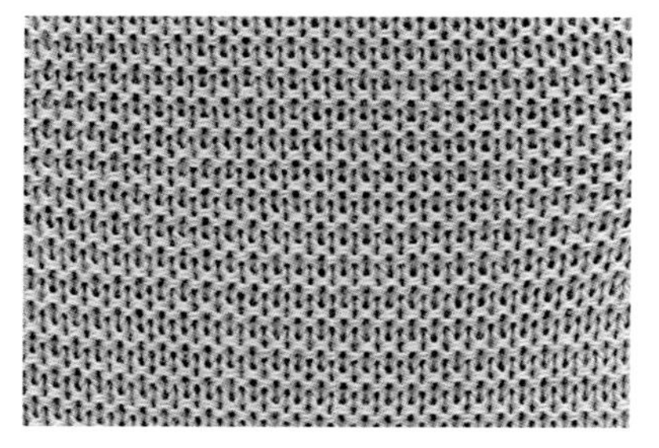
图2-71 双反面组织及织物

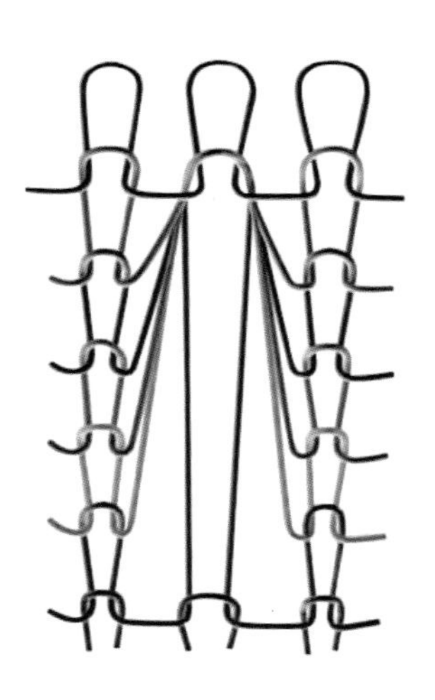
图2-72 集圈组织

图2-73 衬垫组织

图2-74 毛圈组织

毛圈组织经剪绒和起绒后可形成天鹅绒、摇粒绒等单双面绒类织物，毛圈组织织物丰满厚实、保暖性好。不剪毛的毛圈组织具有良好的吸湿性，产品柔软厚实，适宜制作睡衣、浴衣及休闲服等。

⑨长毛绒组织：将纤维束同地纱一起喂入织针编织成圈，使纤维以绒毛状附着在针织物表面，在织物反面形成绒毛状外观。它一般是在纬平针组织基础上形成的（图2-75）。

长毛绒组织可分为普通长毛绒组织和提花或花色长毛绒组织。普通长毛绒组织，纤维束在每个地组织线圈上均被垫入；花色长毛绒组织可以按照花型需要，在有花纹的部位，纤维束与地组织一起成圈，在没有花纹的部位，仅地组织纱编织成圈。

（2）经编针织物组织：基本组织包括编链组织、经平组织和经缎组织等。

①编链组织：是每根纱线始终在同一枚织针上垫纱成圈而成（图2-76）。

编链组织每根经纱单独形成一个线圈纵行，纵行间相互没有连接，只能编织成细条带，故不单独使用，一般与其他组织结合。编链组织纵向延伸性较小，横向收缩性小，布面稳定性好，可逆编结方向脱散。

②经平组织：每根纱线在相邻两枚织针上交替垫纱成圈而成（图2-77），根据两枚织针横跨的纵行数可以分为二针经平组织、三针经平组织及四针经平组织等。

经平组织织物具有较大的纵、横向延伸性。受力时可以产生一定的卷边，线圈纵行逆编织方向可以脱散，并导致织物纵向分裂。经平组织一般不单独使用，经常与其他组织结合得到不同性能和外观效果的织物。

③经缎组织：每根纱线顺序地在三枚或三枚以上的织针上成圈，然后再顺序地逐针成圈返回原位（图2-78）。

由于不同方向倾斜的线圈横列对光线反射不同，因而在织物表面形成明显的条纹效应。织物性能有些类似经平组织织物，延伸性好，有一定卷边现象，可逆编织方向脱散，但纵向不分裂。

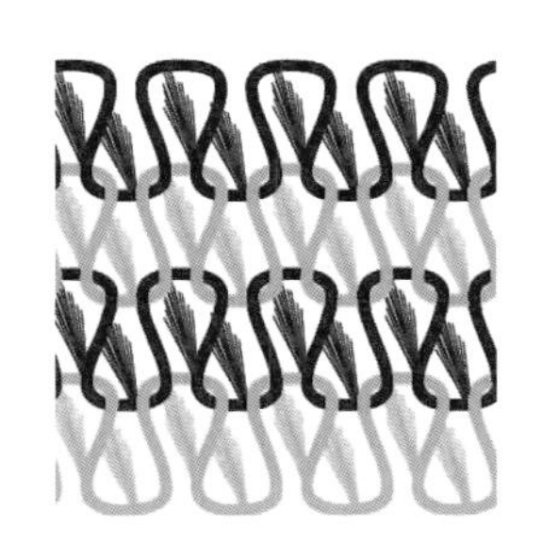
图2-75　长毛绒组织

图2-76　编链组织

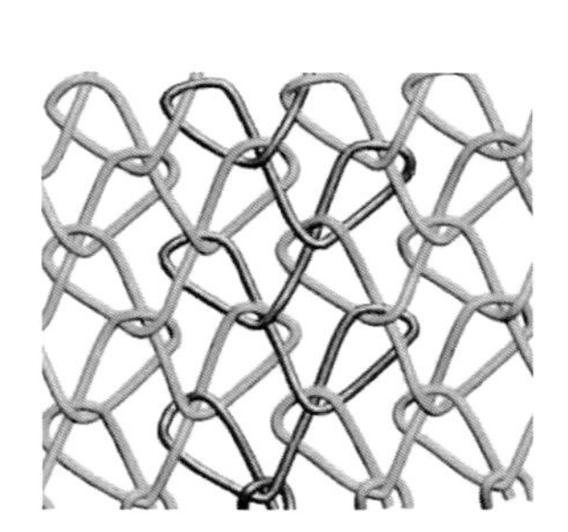
图2-77　经平组织

图2-78　经缎组织

第四节 染整工艺

随着科学技术的不断发展，染整加工技术在现代服装材料开发中显得越来越重要，它不仅可以赋予织物新颖外观，更重要的是还能赋予织物高功能和附加值。

一、概述

染整的“染”是指印花和染色，“整”是指后整理。染整是将纺织材料及其制品加工成印染成品的工艺过程，包括预处理（练漂）、染色、印花和后整理。

染整加工是织物生产中的最后一个重要环节，与纺纱、织造生产一起，构成织物生产的全过程。它不仅给予织物必要的服用性能和使用价值，而且还给予其丰富的装饰效果和各种特殊功能。织物品种不同，染整加工的项目和方法也不完全一样。

（一）预处理

主要目的是去除纱线或织物上的天然杂质，以及纺织过程中所附加的浆料、助剂和沾污物，以提高织物的润湿性、洁白度、光泽和渗透能力，使后续加工顺利。

不同织物的预处理工艺各有不同，如棉、麻织物预处理工序有烧毛、退浆、精练、漂白、丝光和预定型等工序；毛织物预处理工序有烧毛、洗呢、碳化等；蚕丝织物预处理工序有精练和漂白等。

（二）染色

（1）染料染色：把染料配成染液，以水作媒介，在一定温度、pH等条件下，通过染料和纺织纤维发生物理或化学结合，使纤维、纱线或织物具有一定色牢度颜色的加工过程。

染色时织物在染浴中有较长的作用时间，使染料能较充分地扩散、渗透到纤维中，染色后通常经过水洗、皂洗、烘干等后处理。

染色可以对织物、纱线、条子、散纤染色；按染色设备和加工方式可分为浸染和轧染；不同纺织纤维需使用相应种类的染料，方能获得满意的染色效果。如直接染料适用于天然纤维、黏胶和铜氨纤维等再生纤维素纤维和少量合成纤维；酸性染料适用于毛、蚕丝等纤维；活性染料适用于棉、毛、麻、丝、黏胶纤维等；分散染料适用于染大多数合成纤维。

（2）涂料染色：将涂料制成分散液，通过浸轧使织物均匀带液，然后经高温处理，借助于黏合剂的作用，在织物上形成一层透明而坚韧的树脂薄膜，从而将涂料机械地固着于纤维上。

涂料作为一种颜料，长期以来被广泛使用在印花上，近年来，由于印染助剂（如黏合剂）性能的不断提高，扩展了涂料的应用范围，使涂料染色工艺得到了迅速发展，但它还不能完全替代传统的染料染色。目前涂料染色常用于棉、涤棉混纺等织物的中、浅色产品染色。

（三）印花

印花是将染料或颜料配制成印花色浆，通过一定方式在织物上印制出具有一定色牢度花纹图案的加工过程。

印花色浆是在染料溶液或颜料分散液中加入较多的增稠性糊料调成具有一定黏度的浆状物，以防止印花时由于渗化而造成花型轮廓不清、花型失真及印后烘燥时染料泳移。印花可以对织物印花、纱线印花和纤维条印花。印花方式有手工印花和机械印花。

（1）染料印花：印花后烘干的糊料形成一层膜，会阻止染料向纤维内渗透扩散，有时必须借助汽蒸或焙烘等后处理来使染料从糊料内转移到纤维上来完成着色，再进行常规的水洗、皂洗、烘干等工序。

（2）涂料印花：是借助黏合剂将颜料机械地固着在织物上的工艺过程，又称颜料印花，是用涂料直接印花，通常称为干法印花。

由于颜料是非水溶性着色物质，对纤维无亲和力，不能和纤维结合而直接黏附到织物上，是靠黏合剂在高温处理时形成的透明薄膜将其机械地固着在织物上。颜料印花可适用于任何纤维纺织品，尤其是混纺、交织物。随着新型黏合剂的不断开发，涂料印花发展十分迅速，目前已占织物印花半数以上。

涂料印花色谱齐全，色泽明亮艳丽，花型层次分明、轮廓清晰、立体感强，但手感不佳、耐摩擦牢度差，深色涂料比浅色或淡色涂料印花手感硬，因此，涂料印花都用于小面积花型。涂料印花织物耐手搓、耐折皱；耐光色牢度和耐干洗色牢度优良，随着水洗次数的增加，涂料会逐渐褪色，深色比浅色或淡色更易褪色。

涂料印花工艺一般经过印花、烘干、汽蒸或焙烘固色。印花后经过热处理，无须水洗后处理，可降低能耗，减少废水排放，更加环保，同时工艺简单、流程短、生产效率高，有利于降低生产成本。

涂料罩印印花：通过加入无机颜料来提高涂料印花的遮盖力，屏蔽织物深地色，采用直接印花的方法将涂料色浆印制在深地色织物，可获得较好的白色或色泽鲜艳的花型，有仿防拔染印花效果。可分为白罩印印花和彩色罩印印花（图2-79）。

（四）整理

整理是染整工序的最后一个环节。通过物理-机械或化学的方法，改善织物手感和外观，提高其服用性能或赋予某种特殊功能，提高织物的附加值。未来人们对服装面料的需求特别注重其功能性、环保性及个性化，这些性能和要求很大程度上要靠新型的整理工艺来实现。

（1）白罩印印花

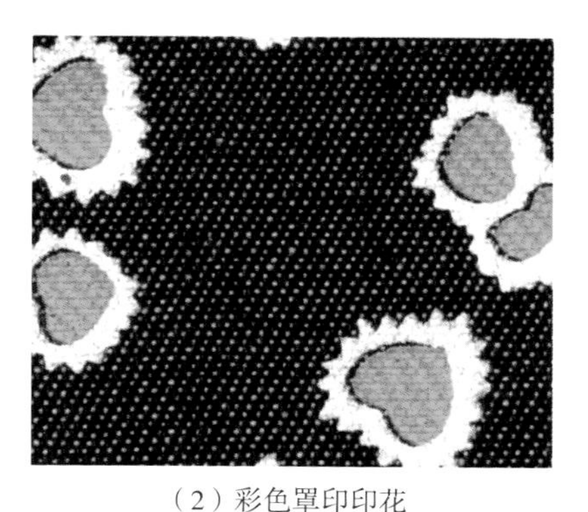

（2）彩色罩印印花

图2-79　涂料印花

二、印花

（一）印花工艺

将染料或涂料在织物上印制图案的方法很多，按照工艺可分为以下几种。

1. 直接印花

直接印花是将印花色浆直接印在白色或浅色（称作罩印）的织物上，印花处染料上染，获得花纹图案的工艺过程。直接印花可以得到白地、满地和色地。直接印花织物正面印有图案，花图案从背面看起来要比正面颜色浅。直接印花工艺简单，应用广泛，尤其是在棉织物上的应用。

白地印花即白地部分面积大、印花部分面积小；色地印花是先染好地色，然后再印上花纹，一般都采用同类色浅地深花为多。满地印花的地色通过印花方式获得，通常在印花工艺中，地色和花样图案的颜色都是被印在白布上的，有时被设计成模仿生产成本更高的拔染或防染印花效果，但从织物反面很容易辨别，满地印花的地色反面更浅（图2-80）。

2. 拔染印花

拔染印花是先染色后印花，在染色织物上印制含有拔染剂的印花色浆而获得花纹图案的印花工艺过程。

在不耐拔染剂的染料染色的织物上，用含有能够破坏地色的拔染剂或在破坏地色的同时又能染上另一种颜色的耐拔染剂染料的拔染色浆印花，从而获得色地上的白色花纹（拔白印花）或彩色花纹（色拔印花）。

拔染印花的特点是织物两面都有花纹图案，色地丰满鲜亮，轮廓清晰，正面花纹清晰细致。花纹处是白色或与底色不一样的颜色，且底色比较深，花纹的反面会显露出原底色的痕迹。适用于在彩色织物上印制较为细致的满地花纹，有花清地匀的效果，但设备占地多，成本高，生产流程长且工艺复杂，多用于高档印花织物（图2-81）。

3. 防染印花

防染印花是先印花后染色，在织物上先印制含有防染剂的印花色浆，然后轧染地色，从而在织物上获得花纹图案的工艺过程。

在织物上用含有能够防止地色染料上染的防染剂或在防染的同时又能上染另一种颜色的耐防染剂染料的防染色浆印花，印有花纹处可防止染料上染，从而获得白色花纹（防白印花）或彩色花纹（色防印花）。

防染印花历史悠久，很早流传的蓝白花布就是靛蓝防染印花。防染印花和拔染印花产生同样的印花效果，织物正反面都有花纹图案，但防染印花色泽较暗淡，花纹轮廓不及直接印花和拔染印花清晰、精细，反面稍差些，防白效果不如拔白理想。一般在地色不能拔染的情况下才使用防染印花方法。但其价格低，工艺流程简单，大多数防染印花通过手工艺实现，如蜡防印花，在白色织物上印上能阻止或防止染料渗透进织物的蜡状树脂，达到上染地色而衬托出白色花纹。主要适用于中、深色满地花纹。

（1）白地直接印花

（2）色地直接印花

（3）满地直接印花

图2-80 直接印花

4. 防印印花

防印印花是在织物上先印制含有防染剂的印花色浆，最后印制地色色浆，两种色浆叠印处产生防染剂破坏地色色浆的发色而达到防印目的，在织物上获得花纹图案的工艺过程。

防印印花是从防染印花基础上发展起来的，采取罩印的方法可获得轮廓完整、线条清晰的花纹图案，地色的色谱不受限制，丰富了印花地色，还可省去染地色工序。但在印制大面积地色时，地色不如防染印花丰满，如图2-82所示。

（二）印花方式

从印花方式看，主要有滚筒印花、筛网印花、数码喷墨印花及转移印花等。

（1）拔白印花

（2）色拔印花

图2-81 拔染印花

（1）防白印花

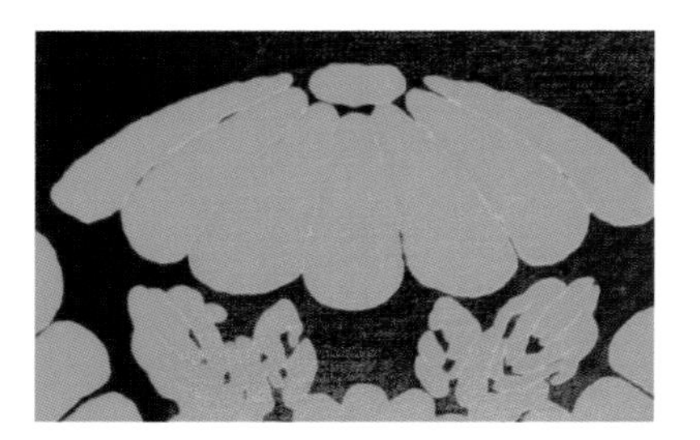

（2）色防印花

图2-82 防印印花

1. 滚筒印花

滚筒印花是色浆通过刻有花纹图案的铜辊凹纹压印转移到织物上的一种印花方式。

在印制多套色图案时，通常每一套色各自需要雕刻一只滚筒（或辊筒），印花时将凹纹内所贮的色浆经过滚筒与承压辊的相对挤压转移到织物上。

滚筒上可以雕刻出紧密排列的十分精致的细纹，因而滚筒印花花纹清晰、层次丰富，可印制精细的线条花纹、云纹等，鲜艳度差；由于花筒雕刻费工费时，适用于大批量生产，劳动生产率高，生产成本较低；适用于各种花型，但花回（花回是印制连续图案的花版的最大循环单位，它可以是一个单元花样，也可以由多个单元花样组成）大小及印花套色受限制，劳动强度高，技术要求高，印花时所受张力较大，因此不适宜印制稀薄及受力容易变形的织物，如丝绸、针织物等，适用于能承受较大张力且花纹变化较小的厚重织物。滚筒印花是使用最少的大批量印花生产方法，现在用得越来越少。

2. 筛网印花

筛网印花源于型版印花，筛网又分为平网和圆网，它是目前广泛采用的印花方法。目前主要以半自动及全自动平网印花和圆网印花为主。

筛网印花是每一种花纹颜色各需要制作一只雕刻花纹的筛网，筛网上花纹处可以透过色浆，无花纹处则以高分子膜层封闭网眼，印花时印花色浆透过筛网的网眼而印到织物上。

（1）平网印花：印花磨具或花版是用金属或木质矩形框架绷紧的具有镂空花纹的涤纶或锦纶丝筛网，印花时筛网紧贴织物，刮刀往复刮压色浆而透过网眼将花纹图案转移到织物表面的一种印花方式，又称丝网印花。

平网印花适用于不连续或大幅面的单独纹样，且由于平网印花的花版为涤纶或尼龙丝网，表现花型的网版漏浆的孔洞比较小，印到布面上的线条会比较细，且比较细小的花型部分也不易渗化到一起，因此，平网印花很适合印制比较精细的花纹图案。

平网印花灵活性很大，设备投资较少，制版简易，能适应小批量、多品种生产要求，花回大小受限小，印花套数不受限制，但得色浓艳，具有张力小、适用性广，适合丝、棉、化纤等机织物和针织物印花，针织印花一般以平网丝印为主，广泛应用于手帕、毛巾、床单、T恤、文化衫及装饰织物等印花（图2-83）。

平网印花有手工、半自动及全自动平网印花三种。

图2-83 平网印花

（2）圆网印花：是用印花模具或花版具有镂空花纹的圆筒状镍皮筛网，印花时，织物随导带在平台上运行，刮刀使色浆受压而透过网眼将花纹图案转移到织物表面的一种印花方式。

圆网印花适用于各种连续纹样，且由于圆网印花的花版为金属镍网，表现花型的网版漏浆的孔洞比较大，印到布面上的线条会比较粗，且比较细小的花型部分会渗化到一起，故圆网印花只适合印制较粗犷的花纹图案。

圆网印花具有连续式印花的特点，印花速度较快，产量较高，适合多品种小批量织物的印花；操作方便，劳动强度低，占地面积比平网印花机小；套色数限制小，浓艳度适中；适应性强，可适用于多种纤维织物印花，由于加工是在无张力下进行的，故适用于易变形的织物和宽幅织物（图2-84）。

圆网印花既有滚筒印花的高生产效率，又有平网印花色泽浓艳、花回大的特点，尤其是化纤织物、弹性织物及宽幅织物等迅速增加，使得圆网印花成为目前应用最广泛的筛网印花方法，正在逐渐取代滚筒印花。

图2-84 圆网印花

3. 数码喷墨印花

数码喷墨印花是一种将计算机喷墨打印技术应用于纺织品的非接触式、无版印花方式，也称数码喷射印花。

数码喷墨印花可以通过扫描、数码摄影等手段将图像或直接应用计算机制作的各种数字化图案输入计算机，然后再经计算机分色系统处理图像后，将各种信息存入计算机控制中心，并通过数字化处理，再由专用的RIP软件控制喷射系统，按需要印制的图案要求，各色墨喷嘴通过压力将墨水分裂成微小的液滴并直接喷射于织物或其他介质上需要形成花纹图案的位置，形成需要的精细花纹图案，最后再经过处理加工后，使花纹图案具有一定的鲜艳度和坚牢度。

数码喷墨印花打破传统印花生产的套色数和花回长度的限制，生产数量及印花产品品种不受任何限制，适合小批量、多品种印花产品的生产，能满足消费者个性化设计的要求。印花工序简单，取消了传统印花复杂的筛网制作和配色调浆工序，消除制网所带来的污染和高成本，墨水是按需喷出的，减少了化学制品的浪费和废水的排放，摆脱了传统印花生产的高能耗、高污染、高噪声，实现了低能耗、无污染的生产过程，环保性强，实现了清洁化生产，是真正的生态型高技术印花工艺。但喷墨印花设备投资大、墨水成本高，印花速度较慢（图2-85）。

数码喷墨印花墨水分为染料型墨水和颜料型墨水。染料以分子状态进入纤维，具有很强的色彩表现力、印花产品色彩鲜艳、花纹图案细腻逼真，层次感丰富，但对纤维的选择性强。染料型墨水的数码喷墨印花织物需进行前处理和汽蒸、水洗、烘干等后处理。颜料型墨水不溶于水和常见有机溶剂，通常以颗粒状态对物体着色，对纤维没有亲和力，依靠黏合剂将颜料固着，色彩表现力较染料墨水差，可以对各种类型的亲水性好的织物直接喷印而不需要进行预处理，也可以对疏水性合成纤维织物进行喷墨印花，但需对织物进行改善纤维吸湿性的预处理，印花后通常不需要进行水洗后处理，只要烘焙即可固色，因此，颜料型墨水的数码喷墨印花工艺流程短，节水、节能，基本不会影响手感，而且适应产品广泛，应用前景广阔。

4. 转移印花

转移印花是先将染料或涂料的花纹图案印制在转印纸上，然后在一定条件下使转印纸上染料或涂料转移到织物上，又称干法转移印花。目前最适合的转移印花工艺为应用于涤纶等合成纤维织物的升华法转移印花。

升华法转移印花利用分散染料易升华的性能，将印有分散染料花纹图案的转印纸的正面与织物正面贴合，并经热转移印花机的高温热压作用，分散染料受热升华变成气态，依靠对合成纤维的亲和力而使花纹图案从转印纸上转移到合成纤维织物上，并扩散到纤维内部，从而获得具有良好牢固度的彩色花纹图案（图2-86）。

升华法转移印花应用范围受到一定限制，主要适用于涤纶、锦纶等合成纤维织物。转移印花虽然工艺简单，不需要制网，印花过程中不用水，不用蒸化、水洗、烘干等印后处理，消除了湿处理工序，因此，无废气和废水排出，节约资源，能耗低。但需要将染料印制在转移印花纸上，会耗用大量的纸张，由造纸和废纸回收造成的耗水和污染仍十分严重；仍然需要花网或网版，也需调制色浆（油墨）和印花工序，需要进行印花处理，工序较长，生产效率较低，仍会引起印花成本提高和污染增大。

涂料转移印花适用于任何纤维织物，不影响手感，耐磨、耐晒和耐干洗。

图2-85 数码喷墨印花

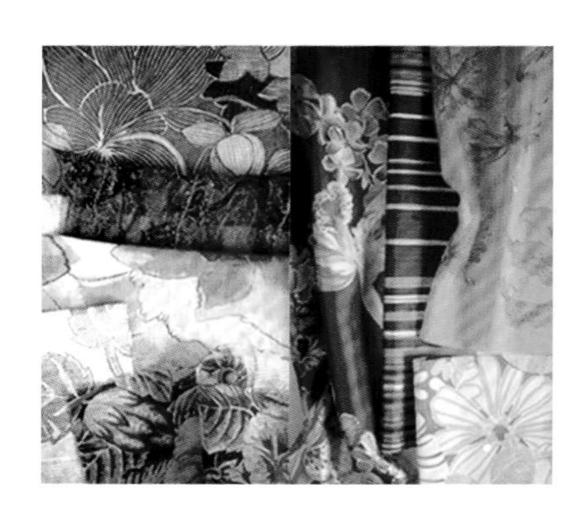

图2-86 转移印花

随着转移印花技术水平的提高，在棉、麻、毛等天然纤维纯纺及其混纺织物上印花得到发展，但需要预处理，适用于各种厚度的织物。

为了省去印花前的花网制备、调浆等工序，免除对织物喷墨印花前的预处理，降低转移印花成本，减少污染，有必要采用无版印花，可采用数码打印技术印制转印花纸。结合喷墨打印和转移印花两种技术的数码转移印花，是仅需要应用数码技术进行图案处理和数字化控制的新型印花体系，是一种纺织品无版印花方法。数码转移印花是将计算机中的数码图像通过喷墨打印机或激光打印机按设计印花要求，把分散染料墨水打印在转印纸上，再将印有花纹图案的转印纸覆盖在织物上，通过高温高压的转印机，将花纹图案精准地转印到织物上。

随着数码技术的发展，数码喷墨转移印花已经开始取代传统的转移印花，工艺既简单又灵活，特别适合批量小、多品种、周期短、个性化的印花产品，而且转移印花设备简单、成本低。数码转移印花织物色彩鲜艳、花纹图案精致、层次清晰、形态逼真、立体感强，产品具有摄影和绘画风格。

要减少纸张消耗和由造纸和废纸回收造成的耗水和污染，可采用无纸转移印花，如用金属箔替代升华转移印花纸，在金属箔上印制各种花纹图案，将其热转移到织物等材料上，而且热转移后，可通过清洗去除金属箔上残留的色墨，实现转移中间载体的重复利用。因此，用金属箔替代转移印花纸，不仅可消除造纸和废纸再生耗水和废水排放，还大幅降低生产成本。对金属箔采用无版印花，会进一步提高成本和降低污染。

（三）特种印花

特种印花就是将织物的最终成品显示出特殊效果的印花方法。特种印花种类很多，通常是通过在色浆中加入具有仿钻石、金银光、夜光、珠光、发泡等特殊效果的材料或采用特殊的印花方式，使印花产品具有独特的外观视觉或触觉等。

特种印花工艺绝大多数属于直接印花，印花色浆绝大多数相似于涂料印花色浆，因此，工艺较简单，适用于各种纤维织物，但特种印花的材料和黏合剂技术含量较高，一般通过丝网印花把添加一些特殊材料的印花涂料色浆通过丝网的网眼渗透到织物表面，然后烘干，可以获得不同的印花效果，以满足消费者个性化需求。

1. 光泽印花

（1）钻石印花：将加入能发出近似天然金刚钻石光芒的微型反射体的印花色浆，采用涂料直接印花的方法印制在织物上，获得具有钻石光芒的花纹效果。钻石印花织物花纹图案处的光芒和色泽会随着光线方向和观察视角的不同而变化，具有绚丽多彩的钻石般光芒，外观雍容华贵，十分高雅（图2-87）。

（2）金银光印花：将加入具有类似黄金光泽或白银光芒材料的印花色浆，采用涂料直接印花的方法印制在织物上，获得具有金光闪闪或白银光芒的花纹效果。金银光印花织物外观富丽堂皇、雍容华贵，具有“镶金嵌银”华丽感（图2-88）。

目前金光印花使用最多的“金粉”是铜锌合金粉，但是印花的金属表面易被氧化，表面光泽不持久、易变暗，现已将“金粉”发展为特殊晶体包覆材料，使印花产品光泽持久稳定、牢度好、手感好。晶体包覆金光印花材料组成以晶体（云母晶体）为核心，表面依次包覆增光层、钛膜层和金属沉积层，其光芒由钛膜层产生，黄金般的色泽由金属沉积层产生。其金光印花产品可长期暴露在空气中不会发暗，具有很好的耐气候性和耐高温性，手感较铜锌合金金粉

图2-87 钻石印花

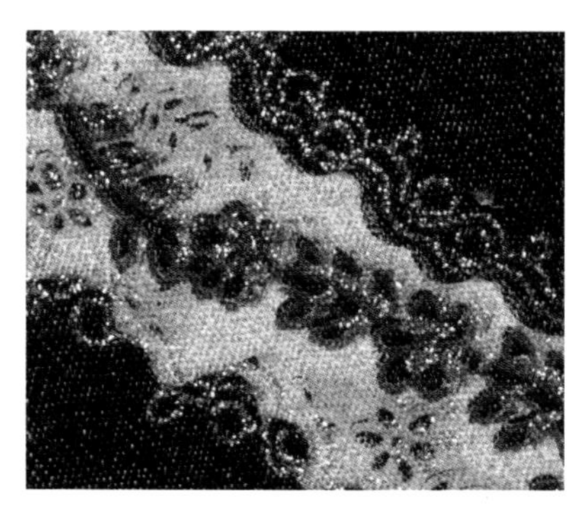

图2-88 金银光印花

好。目前金光印花是将晶体包覆金光印花材料与透明度良好的金粉专用浆或胶黏剂混合后，调制成印花色浆印制在织物上，使织物花纹部位获得金光闪闪的效果。

目前银光印花使用的“银粉”，一类是铝粉，但印花银光光泽不持久；另一类是云母包覆钛膜银光粉，基本上与云母钛珠光粉相似，比云母钛珠光粉包覆时的温度高得多，能获得像白银一样的光芒，并且改变云母包覆钛膜层的厚度，还可以衍生出黄、红、蓝、绿等各种色泽的银光。用云母包覆体的银光印花浆印花，能保持长久的银色光芒，牢度很好。

（3）珠光印花：是将加入能发出类似珍珠闪烁光芒（珠光粉或称七彩亮片）的片状发光体的印花色浆，采用涂料直接印花的方法印制在织物上，获得具有珍珠般光芒的花纹效果。珠光印花织物在日光或强光照射下，对光产生多层次反射，花纹图案发出珍珠般的光泽。

（4）夜光印花：是将具有蓄光功能的夜光涂料调制成印花色浆，采用涂料直接印花的方法印制在织物上，获得的印花在黑暗中仍能显示出晶莹发亮的彩色花纹图案，在有亮光条件下仅显示一般花纹图案，随着亮光的改变而产生忽隐忽现光亮的花纹图案，具有动态的特殊视觉效果，可增进织物的美感，提高产品的档次。

（5）荧光印花：是将含有荧光涂料的印花色浆，采用涂料直接印花的方法印制在织物上，获得的花纹具有荧光效果。

在含有紫外线的光源照射下印花织物的花纹处能反射出可见光，使花纹的亮度增加，因此，织物的花纹图案除了显示一定的明亮色彩，还能产生荧光效果，色泽鲜艳明亮，光彩夺目，花纹图案具有“暗中透亮”的效果。常用于功能运动衣、泳装、T恤衫等。

（6）烫金烫银印花：就是金属箔转移印花，是在一定温度和压力作用下，将原来覆盖在聚酯等薄膜上的金属箔转移到织物印花部位的一种印花方法，获得织物表面能够发出闪闪的金属光泽（图2-89）。

图2-89 烫金印花

金属箔薄膜一般选用聚酯薄膜，在高温和真空条件下，让金属铝汽化成蒸发状态的气体，并且均匀地扩散和分布在聚酯薄膜上，形成平整度好、有镜面反射效果的金属箔薄膜。通过染色和印花制成仿金、仿银和多色的品种，按需要经特殊的氧化工艺处理并以适当的着色剂染色就可得到黄金色光泽的金属薄膜。

在织物上需转移金属箔部位印制黏合剂色浆，与金属箔花纹相配套部位印制染料色浆，经水洗、烘干后再通过转移印花方法将聚酯薄膜上的金属箔转移到织物上，制成仿金、仿银的五颜六色的金属箔印花织物，它的光亮度大大高于常规的金粉或银粉印花，更显现出富丽华贵的效果。

金属箔转移印花可直接印制在深地色织物上，或将金属箔镶嵌在浅色花纹的周围，以增强金属箔的金属光泽效果；由于金属箔本身质地较硬，金属箔转移印花适宜印制小面积的点、线及流畅的花型。

（7）闪烁片印花：是将含有闪烁片的印花色浆，采用涂料直接印花的方法印制在染色织物（包括色织产品）上，借助黏合剂的作用，闪光片牢固地固着在纤维表面，获得光彩夺目、闪烁光亮的花版图案效果。

闪烁片印花中的闪烁片是真空镀铝金属闪烁片，闪烁片呈三角形，一般有0.008～0.1mm等规格，有金片、银片、红、橙、黄、绿等各种色彩，耐高温。闪烁印花一般印制面积不大，起点缀作用，呈现五彩缤纷、闪闪发亮的印花效果。

（8）金葱粉印花：是将含有金葱粉的印花色浆，采用涂料直接印花的方法印制在染色织物（包括色织产品）上，借助黏合剂的作用将金葱粉牢固地固着在纤维表面，使织物具有鲜艳夺目的闪光效果和凹凸不平的立体层次感。

金葱粉俗称亮片，金片、银片及激光七彩闪片，由进口PET聚酯薄膜等材料经精密机械切割而制成规格统一的亮片，其材料表面涂覆一层保护层，以增加印花产品的色彩光亮度及对环境气候、湿度的抵抗力。金葱粉有六角形和四角形，激光、七彩、金、银、红、蓝、绿、紫等颜色，聚酯、金属质、幻彩系列、珠光粉系列。

2. 透明印花

（1）烧拔印花：又称烂花印花、炭化印花，是指在花纹图案处印上能破坏纤维的化学物质，从而形成烂花效果。常见的烂花印花是利用两种纤维织成的混纺织物、交织物或包芯纱织物中不同种类纤维具有不同的化学性质，用一种化学助剂在适当条件下，使其中一种纤维被腐蚀去除，而另一种纤维不被破坏而保留下来，印花后花纹图案处呈现透明效果或镂空的网眼，类似抽绣产品。产品花型自然，质地细薄，风格独特，手感挺爽，立体感强。烂花织物根据烂花后印花部位有无色泽，可分为一般烂花印花和着色烂花印花（图2-90）。

常见的烂花织物有：涤纶/棉、锦纶/纤维素纤维的混纺纱或包芯纱织物，利用纤维素纤维耐酸性差的特性，可选择酸作为含纤维素类纤维的混纺、交织或包芯纱织物的烧拔剂，对纤维素纤维进行腐蚀加工，而获得透明的立体烂花效果。一般包芯纱织物的烂花透明度效果优于混纺织物。如涤棉包芯纱烂花织物是先将酸及耐酸的原糊调制成印花色浆，印制在织物上，经烘干和焙烘后印花处的纤维素纤维炭化变脆，最后再经充分水洗，洗去被腐蚀的纤维素纤维，而涤纶纤维保留下来，对于没有印上酸浆的部位，纤维仍保持原状，从而既可获得彩色花纹，又可呈现地部透明，花部丰满的立体效果。

丝绒织物烂花色浆采用酸性烂花浆，酸腐蚀面组织中黏胶纤维的绒毛，而保留地组织中的蚕丝或锦纶丝。单套色烂花针织丝绒织物采用反贴，即烂花色浆印在反面地组织上，以使烂绒干净，花型整齐。

（2）防烧拔印花：是先在织物上印上保护浆，然后将整个织物浸入或浸轧在含有对织物中一种纤维具有烧拔（腐蚀）作用的助剂中，可以将不印花处的一种纤维腐蚀破坏，而保留另一种纤维，而印花处由于印有保护浆，织物上的纤维均不被破坏，从而得到印花处凸起，无花处凹陷透明的立体印花效果。

如涤棉包芯纱织物，先在织物上印上碱性色浆，然后再浸轧酸性色浆或罩印酸性腐蚀浆，印碱性色浆的印花部位所有纤维不被腐蚀，而非印花部位棉纤维由于酸性助剂作用，在焙烘加热时被炭化腐蚀，然后经水洗去除，得到与烧拔印花效果不同的透明立体花纹图案，即花纹处不透明、凸起，而非花纹处透明、凹陷的立体花纹图案效果（图2-91）。

（3）仿烧拔印花：又称透明印花，将含有纤维膨化剂的特殊印花色浆印制在织物上，使局部纤维产生膨化，增加透光性能，使花纹处与无花纹处形成明显的反差效果，远看与烧拔印花织物相似，但适用于纯纺织物，应用最多的是纯棉织物。

3. 凹凸印花

（1）泡泡纱印花：是采用化学方法，将强烈收缩剂、膨化剂或拒水剂与相适应的增稠剂调制成色浆，并以花纹图案的形式印制在织物上，从而引起织物的印花处发生收缩或膨胀，而无花纹处也发生相应剧烈变形，在织物上产生凹凸不平的立体感花纹效果（图2-92）。

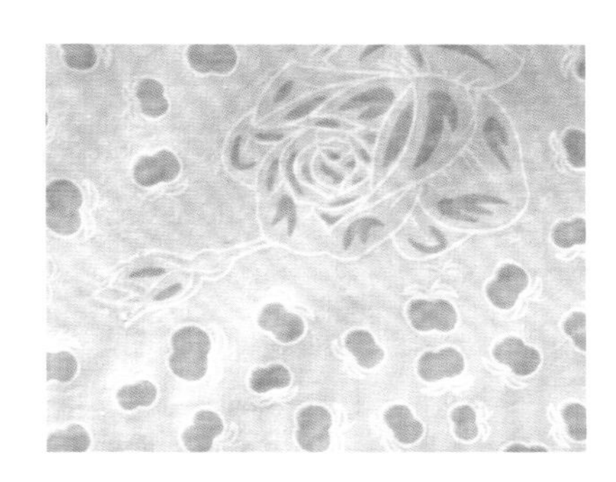

图2-90 烧拔（烂花）印花

图2-91 防烧拔印花

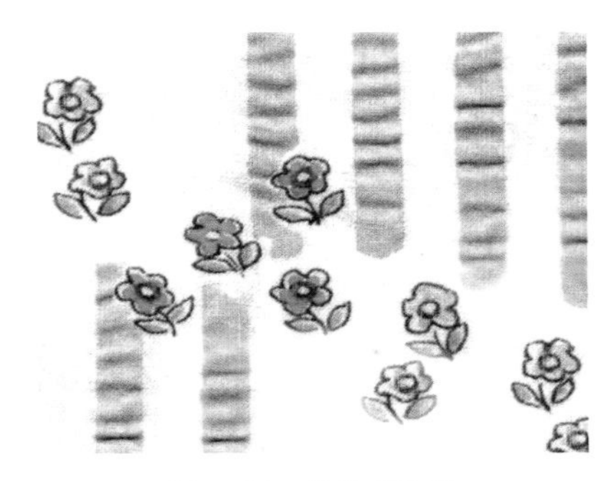

图2-92 泡泡纱印花

泡泡纱印花织物可通过两种方式获得：一是在织物上印上收缩剂，如纯棉织物泡泡纱印花可印上一定浓度的烧碱并松弛，使印花处织物剧烈收缩，从而获得立体的泡泡纱印花效果；二是在织物上印上拒水剂，然后将织物浸在收缩剂中进行松式收缩，如纯棉织物可浸在浓烧碱溶液中，使无花纹处织物发生剧烈收缩，有花纹处由于拒水剂的作用，收缩剂对印花处不起作用而织物不发生收缩，从而形成凹凸不平的泡泡纱立体印花效果，并且花纹随织物干、湿状态不同而发生变化。

（2）浮雕印花：具有花纹处凹陷（或平整），而无花纹处绒毛凸出的凹凸不平的立体花纹效果。

如羊毛织物的浮雕印花先是利用羊毛纤维的缩绒性能，选用防毡缩助剂，将其以花纹图案的形式印制在织物上，使印花处的纤维不能发生毡缩现象，花纹处凹陷下去平整；而非印花处的羊毛纤维通过缩绒整理，发生缩绒，绒毛凸起，从而形成有花纹处凹陷（或平整），而无花纹处绒毛凸出的凹凸不平的立体花纹效果，即浮雕印花效果。羊毛浮雕印花织物质感丰满，纹理朦胧，色彩柔和，手感滑腻，充分显示粗纺产品的风格，形成独特的视觉和触觉效果。

（3）浮纹印花：具有花纹处绒毛凸出，而无花纹处凹陷（或平整）的凹凸不平的立体花纹效果。

例如，毛织物（羊毛衫）浮纹印花是先将含有抵抗防毡缩剂的色浆印制在毛织物（毛衫）上，烘干后，对织物进行防毡缩处理，无花处获得了防毡缩处理，再经水洗、缩绒处理，印花处发生缩绒，而无花处由于进行了防毡缩处理不发生缩绒，从而形成有花纹处绒毛凸出，而无花纹处凹陷（或平整）的凹凸不平的立体花纹效果，即浮纹印花效果，其与浮雕印花效果正好相反。

4．立体印花

（1）发泡印花：将含有高分子聚合物树脂乳胶和发泡剂等组分的化学发泡浆，采用涂料直接印花的方法印制在织物上，然后经合适温度的烘干或焙烘热处理一定时间，发泡剂就会发生化学反应，分解产生大量气体，使树脂层膨胀，获得蜂糕状、具有生动浮雕效果的立体花纹图案（图2-93）。

（2）起绒印花：将囊芯为低沸点有机溶剂的微胶囊与黏合剂等助剂调制成起绒印花色浆，采用涂料直接印花的方法印制在织物上，经热处理后，微胶囊遇热，囊心中物质气化，使微胶囊体积膨胀，同时各个微胶囊气泡相互挤压在一起，获得别致的绒绣效果的立体花纹图案（图2-94）。

（3）胶浆印花：将特殊的化学凝胶剂与染料高度无缝混合，调成印花色浆，染料经过凝胶的介质作用，牢固地附着在织物印花部位的表面上，形成手感柔软、弹性好、光亮、色彩靓丽、无黏性的凸起立体花纹图案（图2-95）。

胶浆印花工艺克服了水浆印花的局限性，应用范围广，适用于棉、麻、黏胶、涤纶、锦纶、丙纶、氯纶及各种纤维的混纺织物，以及人造皮革及天然革，特别适用于针织物的印花；可在各种深地色织物上直接印花（罩印淡色），可以使用各种特殊功能涂料或染料，可以与其他特种印花相结合，但比水浆印花工艺复杂，成本高，目前主要用于儿童服装的卡通图案印花。

（4）植绒印花：是将白色或彩色绒毛植到织物表面，在织物上获得立体绒绣感花纹效果的印花方式。

植绒印花最常用的绒毛主要有黏胶纤维和锦纶纤维。将绒毛黏附到织物表面的方法有机械植绒和静电植绒两种，而且绒毛可以通过转移静电植绒或直接静电植绒方法被植到织物表面（图2-96）。

①机械植绒：当织物以平幅状态通过植绒区时，纤维绒毛被筛到织物上并被随机植入到织物上预先印有胶黏剂的印花部位。

②静电植绒：纤维绒毛预先经过适当预处理并施加静电，再通过静电植绒机将特定颜色的带电绒毛直接植在涂有转移印花胶黏剂的织物上（直接静电植绒印花），或植在涂有热敏胶的纸上（静电转移植绒印花），然后要将纸上的绒毛转移到织物上，但较机械植绒速度慢，成本更高，但更均匀、更密实。

直接静电植绒印花：先将树脂胶黏剂印制在织物表面，在织物上形成含有胶黏剂的花纹图案，再将经过着电处理的纤维绒毛通过高压静电场，在静电引力的作用下，使绒毛垂直均匀地植在涂有胶黏剂的织物表面上，然后经过高温固化成型，获得立体绒面花纹效果。

静电转移植绒印花：利用高压静电作用，将纤维绒毛按特定的图案或整幅植到预先涂有热敏胶的纸上，然后在绒毛上印制由热熔胶和黏合剂调制的转移印花色浆，低温烘干后，将植有绒毛的纸与织物正面贴合，进行压烫，热熔胶熔融时将纸上的绒毛转移到织物表面，产生立体感绒毛花纹。

植绒印花织物色泽鲜艳，丝绒感和花纹立体感强，手感丰满柔软，并可以通过多种方法获得立体植绒印花产品。除了将绒毛以花纹图案的形式植在织物表面外，也可以将绒毛整体植绒在织物表面，然后再进行印花，形成印花处绒毛倒伏的效果，也可以先进行普通印花再进行植绒印花；植绒织物还可以进行轧花、磨毛或压烫等后整理，开发出轧花植绒、仿麂皮绒等不同风格立体植绒印花产品。

（5）激光印花：激光有别于任何一种普通光，随着激光科学技术的大力发展，激光在纺织染整加工中的应用越来越多，利用激光对织物进行表面处理，不仅可获得多种形式的印花效果，还能加工精度极高的镂空图案，图案渐变自然、立体感强，符合当前人们追求简约、时尚、怀旧、内敛、个性的时代潮流（图2-97）。

①激光辐射改性印花：利用激光不仅可以改变纤维表面的形态和结构，还可以进行表面光化学反应改性，被改性的部位对光的反射和对染料的吸附性能均有明显的变化，因此，对织物进行规律地局部辐射激光，就可以在织物上形成不同亮度的纹理图案；或纱线和织物经过激光照射后再染色，就可以在织物上产生不同颜色或深浅变化的图案，达到印花的效果，不仅减少染料用量、提高染料利用率，而且不产生染料残液的排放，极大降低污水处理成本。

②激光雕刻印花：基于激光瞬时高温能让染料及织物表层纤维进行不同程度的升华、熔化的原理，实现对纺织品的立体拔色印花；利用激光对材料选择性雕刻（烧蚀、熔化）的特性，通过激光对织物表面进行灼烧、刻蚀，可直接对纺织品进行花纹雕刻，以获得凹凸或镂空图案。

图2-93 发泡印花

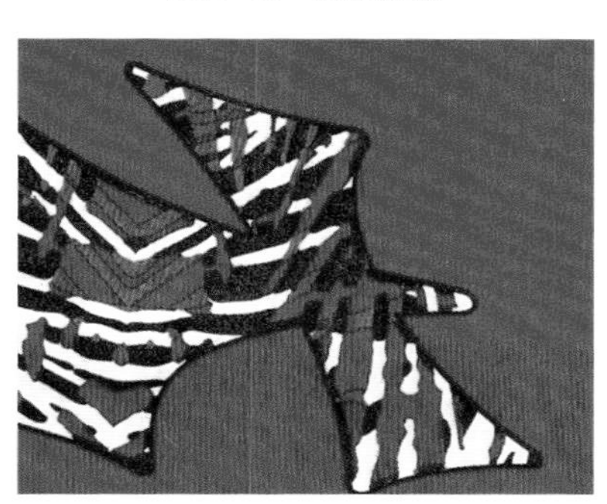

图2-94 起绒印花

图2-95 胶浆印花

图2-96 植绒印花

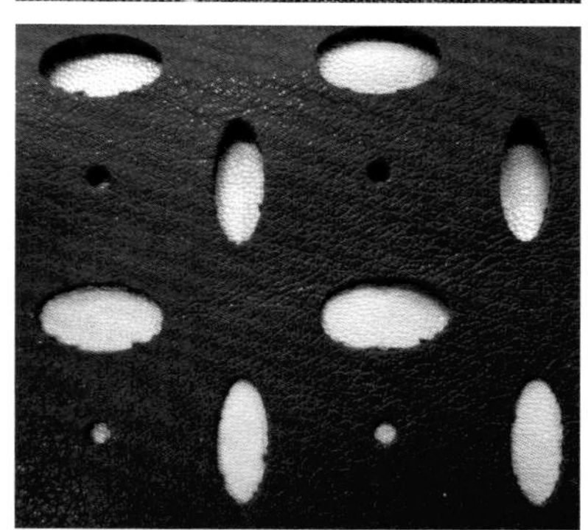

图2-97 激光雕刻

三、整理

（一）整理的作用

1. 改善织物手感

通过整理使织物的手感得以改善，如柔软、硬挺、滑爽、丰满、轻薄、厚实等。

2. 增进织物外观

通过整理使织物的光泽、匀净度、鲜艳度得到提高，悬垂性、飘逸感得到加强，或出现主体花纹，起毛、起绒等效果，如增白、轧光、电光、缩呢、起毛、剪毛、磨绒等。

3. 稳定织物尺寸

通过整理使织物门幅整齐，形态尺寸稳定，如定幅、防缩、防皱和热定型等。

4. 赋予织物特殊肌理感

通过特殊的后整理使织物获得特殊的肌理感，如起皱、凹凸、烂花等。

5. 提高织物服用性能和附加值

通过整理使织物的使用性能达到一定要求以满足人的身、心在使用时的各种需要，或赋予织物特殊的功能，提高其附加值，如吸湿、保暖、阻燃、抗菌、防紫外线、抗静电、防起毛起球、拒水、拒油、防水、防污、防蛀、防霉等。

随着科学技术的发展，织物整理的内容会不断增加。整理不仅能提高产品档次，也能提高了产品的附加值。

（二）整理类别

根据织物整理的目的以及产生的效果，整理可分为以下几种。

1. 基本整理

拉幅、预缩、防皱、热定型，使织物的布幅整齐划一和尺寸稳定并具有基本的服用和装饰功能。

2. 外观风格整理

增白、轧光、轧纹、起毛、剪毛、缩呢（绒）、磨绒、植绒、砂洗、水洗、折皱、防缩，增进和美化织物外观，改善织物的触感和风格。

3. 功能整理

防蛀、防霉、拒水、拒油、阻燃、防污、抗菌、抗静电等，增加织物的耐用性能，赋予织物特种服用性能。

（三）常见的整理

1. 轧光

轧光整理是利用棉纤维在湿热条件下的可塑性，使织物通过由软、硬轧辊组成的轧点，经轧压后，光泽增强的工艺过程。

织物经轧压，表面的纱线被压扁压平，竖立的绒毛被压服，从而表面平滑光洁，对可见光的漫反射降低，光泽增强。

2. 电光

电光整理是利用棉纤维在湿热条件下的可塑性，使织物通过表面刻有密集细平行斜线的加热硬辊与软辊组成的轧点，经轧压后，织物表面产生悦目柔和光泽的工艺过程。

电光机多由一硬一软两只辊筒组成，硬辊筒可加热，而且在表面刻有与辊筒轴心成一定角度且相互平行的细密斜纹，与织物纱线的捻向一致。

电光整理和轧光整理原理和加工过程基本类似，区别是电光整理不仅把织物轧平整，而且轧压出与纱线捻向一致的互相平行的细密斜纹，掩盖表面纤维或纱线不规则排列现象，调整了光线漫反射与定向反射的比例，因而对光线产生规则的反射，使织物表面获得丝绸般的光泽。一般缎纹织物效果最佳，如电光横贡缎、电光直贡缎等。

3. 轧纹

轧纹整理是利用棉纤维在湿热条件下的可塑性，使织物通过表面刻有凸纹花纹的可加热硬辊和凹纹花纹软辊组成的轧点，经轧压后，织物表面产生凹凸花纹效应和特别光泽效果的工艺过程，又称轧花整理。

如果使织物通过刻有凹纹的铜辊与表面平整的高弹性橡胶辊组成的轧点，经较小的压力轧压后，织物表面产生深度较浅花纹的工艺过程，称为拷花，又称轻式轧花。

纤维素纤维或其混纺织物如果经过树脂处理，预烘后进行轧纹，再经松式焙烘，形成耐久性轧纹整理织物。合成纤维织物染色印花后可直接进行轧纹，花纹保持持久，凸纹处光泽亮艳如丝绸，风格华丽。一般用于薄型织物，也可用于绒类织物（图2-98）。

4. 起毛

起毛整理是将织物逆向通过转动的密集的刺果或金属钢针，将纤维末端从纱线中均匀地拉出来，使织物表面产生一层绒毛的工艺过程，又称拉绒或拉毛整理。

起毛织物主要为纬纱起毛，且绒毛疏而长，具有丰满柔软的手感，较好的保暖性等。将起毛和剪毛工艺配合，可提高织物的整理效果。起毛织物主要用于纺毛织物、腈纶织物和棉织物（图2-99）。

5. 磨绒

磨绒整理是通过磨毛机的砂辊（或砂带）将织物表面磨出一层短而密的绒毛的工艺过程，又称磨毛整理。

磨绒整理能使织物经纬纱同时受到磨削后产生绒毛，且绒毛短而密，具有柔软、厚实而温暖的手感，可改善织物的服用性能。如磨绒卡其、磨绒帆布及人造麂皮等。人造麂皮是由超细合成纤维的基布经过染色、浸渍聚氨酯溶液、磨绒整理等获得仿麂皮效果（图2-100）。

6. 植绒

植绒织物是利用静电场将绒毛即短纤维垂直加速植到涂有黏合剂的基布上。基布材料除大多数纺织品外，还有塑料、皮革等材料。按植绒工艺，可分为直接植绒和转移植绒。直接植绒可是全植绒、部分植绒和多色图案植绒。根据后整理的不同，可有压花、磨花、喷花等物理方法（图2-101）。

7. 砂洗

砂洗整理织物是一种特殊的起绒整理织物，是流行的高档服装面料。

它是采用化学和物理相结合的方法，用砂洗剂使织物表面的纤维膨胀，增加染整时织物与设备之间的摩擦，使膨胀的纤维磨毛而将微纤维磨断外伸，形成浓密短绒，达到起绒效果。砂洗后织物浑厚，绒面细密，手感柔糯细腻，弹性、悬垂性好，洗可穿性好，风格高雅自然，而且穿着舒适，符合返璞归真的理念。

各种纤维织物均可进行砂洗整理，织物紧密度越高，砂洗效果越好，如砂洗双绉、电力纺、绢丝纺及涂层织物。桃皮绒是采用超细纤维，经砂洗整理制得的表面具有似水蜜桃表皮的细、密、短绒毛的织物（图2-102）。

8. 折皱

折皱整理是用机械加热加压的方法使织物产生不规则的折皱和特殊形状皱纹外观的工艺过程。折皱整理的主要用于纯棉织物、涤棉织物和涤纶丝织物等。合成纤维织物在一定的温度和压力下折皱耐久性好，天然纤维经树脂整理后耐久性较好。

特殊形状的折皱有折裥皱、山形皱、叶纹皱等，皱纹的深浅粗细均可变化；不规则的皱纹自然、随意（图2-103）。

9. 剪花

剪花整理是剪去两个花形之间间隔较大，花经背面的浮长线较长的提花织物背面的经或纬浮长线，使织物表面形成独立清晰的花形，具有逼真的绣花外观风格，分经剪花和纬剪花。花形除几何图案外，还有花朵、动物等，一般适于细薄织物（图2-104）。

10. 涂层

涂层整理是在织物表面均匀地涂布或黏合一层具有独特外观或功能的高聚物材料，从而得到丰富多彩的外观或特殊功能的织物的工艺过程，如

图2-98 轧花

图2-99 起毛

图2-100 磨绒

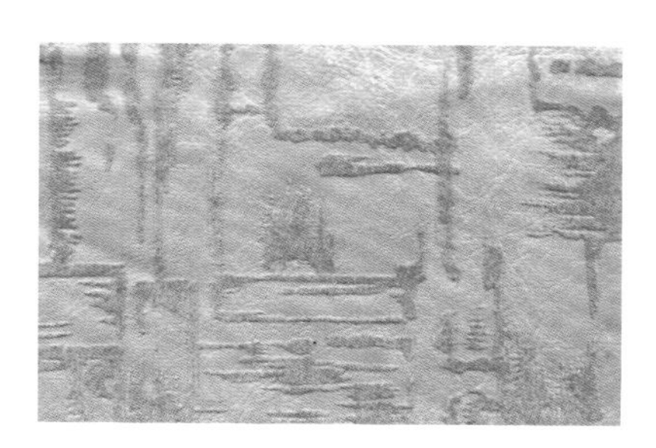
图2-101 植绒

图2-102 砂洗

防羽绒织物、防水透湿织物、阻燃织物、防紫外线织物等。涂布的高聚物称为涂层剂，而黏合的高聚物称为薄膜。涂层整理方法主要有金属色涂层、珠光涂层、仿漆面涂层、夜光涂层、橡塑涂层，使织物更具有现代色彩，如图2-105所示。

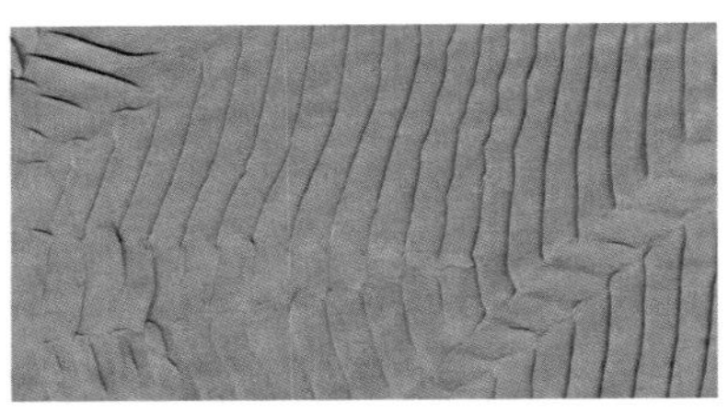

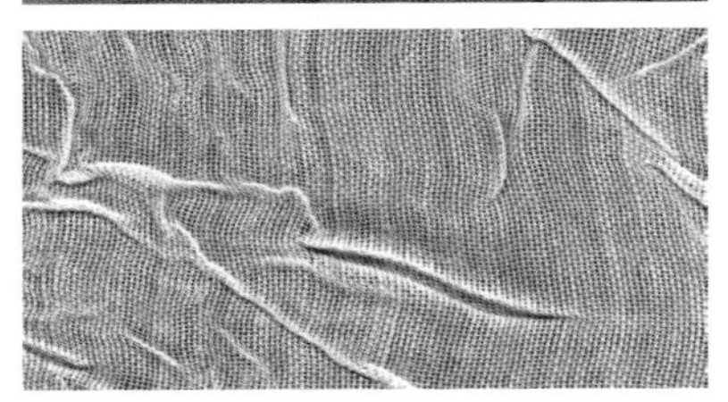

图2-103 折皱

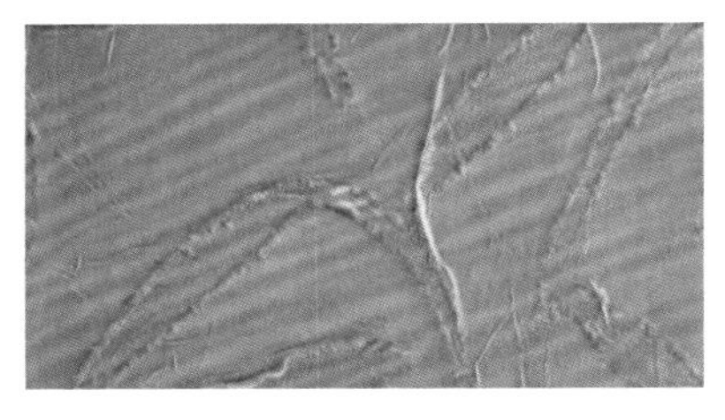

图2-104 剪花

图2-105 涂层

习题与思考题

1. 什么是服装用纤维？服装用纤维应具备哪些基本性能？
2. 纺织纤维按来源是如何分类的？
3. 名词解释：天然纤维、化学纤维、合成纤维、人造纤维、长丝、短纤维、差别化纤、异形纤维、超细纤维、复合纤维、功能纤维、绿色纤维、生物基纤维。
4. 举例说明何为棉型短纤维和毛型短纤维？
5. 七大纶的学名和商品名及其突出的特性？
6. 棉、麻、毛、蚕丝织物各有何风格特征和主要特性？
7. 何为丝光棉，举出市场上常见的丝光棉制品。
8. 掌握常用几种特种毛纤维的主要特性。
9. 如何防止羊毛衫产生毡缩现象？
10. 桑蚕丝与柞蚕丝织物的服用性能及风格有何不同？绢丝和䌷丝有何区别？
11. 莫代尔纤维、醋酯纤维与黏胶纤维织物服用性能与外观有何差别？
12. 服装用纤维原料对服装的服用性能和外观风格有何影响？
13. 感官鉴别法、燃烧法、显微镜法及化学溶解法的鉴别依据是什么？
14. 现有规格相同的三块丝巾，一块是蚕丝的，一块是黏胶丝的，一块是涤纶丝的，采用至少两种方法进行鉴别，其中一种方法不允许破坏。
15. 现有纯毛及毛涤混纺织物各一块，如何区分？
16. 名词解释：纱线、纯纺纱线、混纺纱线、混纤纱、花式纱线。
17. 比较精梳棉纱与普梳棉纱、精梳毛纱与粗梳毛纱。
18. 纱线细度的指标有哪些？什么是捻度及捻向？
19. 14特与19特棉纱哪一个较细？80公支与100公支毛纱哪一个较细？
20. 什么是包芯纱？举例说明包芯纱在服装服饰中的应用。
21. 纱线的结构及形态对服装用织物的服用性能及外观风格有何影响？
22. 名词解释：织物组织、组织点、组织循环、三原组织、织物密度和紧度。
23. 平纹、斜纹、缎纹组织的本质区别是什么？其织物的外观特征与主要特性有何不同？
24. 机织物的组织有哪些？观察常用织物及当前较流行织物的组织是什么？
25. 什么是纬编针织物？什么是经编针织物？各有什么特点？
26. 针织物有哪些主要特性？与服装设计、穿着的关系如何？
27. 染整工序的任务是什么？包括哪些基本工序？
28. 织物整理的目的是什么？
29. 印花的工艺方式有哪些？各自有何特征？
30. 了解各种新型印花和新型整理织物的外观特征？
31. 从纺织纤维原料到服装用面料所经过的主要生产工序有哪些？

CHAPTER 3

第三章

服装材料的服用性能与风格特征

第一节　服装材料的服用性能

服用性能是指服装材料在穿着和使用过程中为满足人体穿着所具备的性能，包括外观性、舒适性、耐用性和保养性四个方面。

一、外观性

外观性是织物在使用或加工过程中能保持其外观形态稳定的性能，包括刚柔性、悬垂性、起毛起球性、钩丝性、折皱回复性、尺寸稳定性、外观稳定性、染色牢度等，直接影响纺织品的使用寿命和美观。

（一）刚柔性

1. 基本概念

刚柔性是织物抗弯刚性和柔软性的总称。它反映织物对弯曲变形的抵抗能力。

织物的刚柔性直接影响服装廓型与合身程度。根据织物用途不同，对织物刚柔性的要求也是不同，如外衣类织物侧重于刚性，可使服装的保型性更好，平整、挺括有型；而内衣、婴幼儿服装、睡衣类织物则侧重于柔性，可使服装穿着更舒适；针织物的柔软性好于机织物，故大多数内衣均为针织物。

2. 刚柔性的影响因素

（1）纤维性质：纤维的弯曲性能是影响织物刚柔性的决定因素。

纤维的初始模量是决定其弯曲性能的重要因素。一般初始模量越低，纤维越柔软，其织物越适宜贴身穿。各种纤维的抗弯性能差异很大，羊毛、锦纶的初始模量低，手感柔软；麻、涤纶和富强纤维的初始模量高，手感较刚硬爽挺；棉、蚕丝的初始模量介于两者之间，手感柔软度中等。

纤维越细，其抗弯刚度越小，故超细纤维织物的手感柔软。异形截面的合成纤维抗弯刚度大于普通圆形截面的合成纤维，故异形纤维织物不如圆形纤维织物手感柔软。

（2）纱线结构：一般在其他条件相同的情况下，纱线线密度大或捻度高的织物刚性较大，如高支精梳棉织物、精纺羊毛织物柔软性较好。经纬纱同捻向配置时，织物刚性较大。

（3）织物组织结构：机织物中，交织点越多，浮长越短，经纬纱间相对移动的可能性就越小，织物越硬挺。如平纹组织织物较硬挺，缎纹组织织物较柔软，斜纹组织织物居中；织物紧度增加，织物硬挺度增大；织物厚度或质量增加，织物硬挺度增大。

由于针织物的线圈结构且纱线捻度较小，故其织物手感较机织物柔软；针织物线圈越长，纱线间接触点越小，越易滑动，织物越柔软。

（4）染整工艺：织物经后整理可改善其刚柔性。如硬挺整理或柔软整理可使织物挺括或柔软。松式染整加工的织物要比紧式染整加工的织物相对柔软。

（二）悬垂性

1. 基本概念

悬垂性是织物在自然悬垂状态下，受自身重量及刚柔性等影响而表现的下垂程度及形态。它是衡量纺织品柔软性能的一个指标，也是评定服装外观美和贴身性的重要指标之一。

织物的悬垂性直接影响到服装的外观形态，由悬垂性良好的织物制成的服装更贴体，下垂时能形成平滑、曲率均匀的令人满意的轮廓曲面，能充分显示出曲线和曲面的美感，特别是礼服类（裙装）、窗帘及舞台帷幔。

2. 影响因素

织物的悬垂性与织物的刚柔性和重量有关。织物的悬垂性要好，织物必须要柔软，但织物重量过小时，织物会产生飘逸感，悬垂性不佳；当织物重量较大时，悬垂性较好。因此，具有一定重量又较柔软的织物，才能够形成漂亮的悬垂效果和美丽的外观造型。对于大多数服装用织物，要求纬向悬垂性优于经向，以利于服装造型。

（三）抗皱性

1. 基本概念

抗皱性指织物抵抗外力产生折皱变形的能力及折皱变形的回复能力。

要减少或消除织物的折皱必须提高织物的抗皱性，和增强织物产生折皱变形后回复原来状态的能力。

2. 抗皱性的影响因素

（1）纤维性能：纤维初始模量及弹性回复性能影响织物的抗皱性，其中纤维弹性是影响织物抗皱性的最主要因素。

纤维的初始模量大，弹性回复性好，则织物的抗皱性好。如涤纶初始模量较大，弹性回复率较高，织物挺括、不易皱折，即使起皱，可在短时间内迅速回复，折皱弹性好；而锦纶虽然弹性回复率较大但折皱回复时间长，且初始模量低，织物不挺括，所以其抗皱性及挺括度不及涤纶。棉、麻、黏胶纤维等的初始模量高但弹性回复性差，所以织物一旦形成折皱就不易消失。羊毛的弹性回复性好，织物折皱弹性良好，但免烫性差。

在其他条件基本相同时，较粗的纤维织物折皱弹性较好；合成短纤维织物的折皱弹性比合成长丝纤维织物好，但纤维过短反而对折皱回复不利；异形截面的合成纤维织物要比圆形截面的合成纤维织物易于起皱。

（2）纱线结构：混纺织物的抗皱性取决于各种纤维所占比例。纱线细度、捻度适中时，织物抗皱性较好；经纬纱捻向反向配置要比同向配置有利于织物的折皱回复。

（3）织物组织结构：机织物中，交织点少的织物抗皱性好，因此，缎纹组织的织物抗皱性比斜纹、平纹组织织物好。经纬密度或覆盖系数较小的织物不易产生折皱，织物密度过大时，外力释去后，纱线不易作相对移动，织物抗皱性有下降的趋势。织物较厚时，则纤维应变较小而折皱易于回复，抗皱性较好。针织物因其结构松散，纱线自由度高，而变形能缓慢回复，不易形成折皱，抗皱性较好。

（4）织物后整理：通常树脂整理能显著改善纤维素纤维织物的抗皱性。另外，织物处于湿润状态时易起皱，尤其黏胶纤维、麻、棉、羊毛等吸湿性好的织物，而吸湿性差的合成纤维织物不受湿度的影响。

（四）抗起毛起球性

1. 基本概念

起毛起球性指织物经受摩擦后，纤维伸出织物表面形成绒毛及小球的现象。纺织品或服装在水洗、干洗、穿着或使用过程中，不断受到揉搓和摩擦等外力作用，织物表面纤维凸出或纤维端伸出形成毛绒而产生明显的表面变化，即起毛。当毛绒的高度和密度达到一定值时，再进一步摩擦，伸出表面的纤维缠结形成凸出于织物表面、致密的球，即起球。织物抵抗因摩擦而表面起毛起球的能力称为抗起毛起球性。

织物起毛起球现象不仅影响服装外观，也影响内在质量和服用性能。

2. 抗起毛起球性的影响因素

（1）纤维性质：纤维长度较短、细度较细、初始模量较低、临界起球长度较短、纤维间抱合力小、纱线毛羽多且易纠缠，织物易于起毛起球。化学纤维中，短纤维织物较长丝织物易起毛起球；纤维弹性较好、强力较高、断裂伸长率较大，耐弯曲疲劳好，织物起球后不易脱落。如合成纤维织物特别是涤纶、锦纶织物，由于纤维本身抱合性差、强力高、断裂伸长率大、弹性好，所以起毛起球现象更为突出。天然纤维（除毛外）和人造纤维织物很少起毛起球。合成纤维与棉、黏胶纤维混纺可改善起毛起球现象。异形截面纤维制品要比近似圆形截面纤维制品的抗起毛起球性好。

（2）纱线结构：采用较细纱线或增大纱线捻度，可使纤维间约束力加强，纤维头端不易滑出表面，织物不易起毛起球，但纱的条干不匀时，由于粗节相对于细节的加捻程度低，容易起毛起球；单纱比股线织物易起毛起球；精梳纱织物不易起毛起球，由于精梳纱所用纤维一般较长，纱线中纤维排列整齐，短纤维含量较少，纤维端不易露出织物表面；毛羽多的纱线、花式线及膨体纱织物易起毛起球。

（3）织物组织结构：组织结构松散的织物比结构紧密的织物容易起毛起球。紧密度大和交织点多的织物不易起毛起球。平纹织物起毛起球现象最轻，缎纹织物最严重；针织物比机织物容易起毛起球。

（4）织物后整理：织物经适当的烧毛、剪毛、刷毛、热定型和树脂整理可减少起毛起球现象。

（五）抗钩丝性

1．基本概念

织物中纱线或纤维被尖锐物钩出或钩断后浮在织物表面形成的线圈、纤维（束）圈状、绒毛或其他凸凹不平的疵点的现象，称为钩丝。化纤长丝及其变形纱织物、组织结构比较稀疏的织物，特别是针织物在穿着或使用过程中容易产生钩丝现象。

钩丝不仅影响织物的外观，而且影响内在质量和耐久性。织物抵抗钩丝现象的能力称为抗钩丝性，它是织物尤其是针织物的重要服用性能。

2．抗钩丝性的影响因素

（1）纤维性能：一般纤维或纱线表面摩擦系数越小，钩丝越易发生。所以，圆形截面纤维比非圆形截面纤维易钩丝，合纤长丝（如涤丝、锦丝等）因表面光滑，且通常不加捻或加弱捻而比短纤维更易钩丝。但弹性较好的纤维或纱线，由于本身的弹性变形可以缓和外力的钩挂作用，当外力释去后，又可依靠自身弹性回复而局部回缩进去，最终使钩丝现象减轻，其抗钩丝性良好。

（2）纱线结构：纱线结构稀松的比结构紧密的织物易产生钩丝现象，纱线捻度较低的织物、花式线及膨体纱织物易产生钩丝现象，单纱织物比股线织物易产生钩丝现象。

（3）织物组织结构：是织物钩丝性最显著的影响因素。结构紧密比结构稀松的织物、表面平整比表面凹凸不平的织物抗钩丝性好；浮线短的织物比浮线长的织物抗钩丝性好，平纹织物较斜纹织物和缎纹织物抗钩丝性好；机织物较针织物抗钩丝性好，且纬编针织物更易于钩丝，一般减少线圈长度，增大纵密和横密，有利于提高针织物的抗钩丝性。

（4）织物后整理：经过热定型和树脂整理的织物，表面比较平整、光滑，可在一定程度上改善钩丝现象。

（六）形态稳定性

织物的形态稳定性指由于材料的特性及其在加工过程中产生潜在的应力或热收缩力，从而在使用或再加工条件下（热、湿、洗涤）仍能保持尺寸和外观基本不变的特性。

服装在洗涤或受热后应具有良好的形态稳定性，即尺寸稳定性和外观稳定性，不因洗涤或受热而产生收缩伸长，褶皱、褶裥消退及接缝不平整等现象。故尺寸与外观变化是评定织物品质的重要考核指标。

织物的尺寸稳定性不仅影响服装的外观和使用性能，也影响其使用寿命。在裁制时，尤其是裁制多种织物合缝而成的服装时，必须考虑缩率，以保证成衣的规格、造型和穿着要求。而服装面、衬、里等材料之间尺寸稳定性的配伍也是不可忽视的。

1．织物尺寸稳定性

（1）水洗后尺寸变化：指织物在常温水中浸渍或洗涤干燥后发生的尺寸变化。用正数表示伸长，用负数表示收缩。

洗涤后尺寸变化率的大小对成衣规格影响很大，特别是容易吸湿膨胀的纤维织物会发生水洗收缩，即缩水。水洗尺寸变化是消费者关心且投诉较多的问题之一，因此，绝大多数织物和服装产品标准都把水洗后尺寸变化列入品质评定的考核指标。

水洗收缩的原因主要是膨胀收缩，其次是松弛收缩，对于几种具有缩绒性的毛纤维织物及毛含量较高的混纺织物来说还有毡化收缩。

①膨胀收缩：由于亲水性较好的天然纤维和再生纤维遇水后横向溶胀，纱线直径变粗，引起织物中另一系统纱线屈曲程度加大，导致织物缩

短。经纬纱之间互相挤压，有的厚度增加。当织物干燥后，纱线直径虽相应减小，但由于纱线表面切向滑动阻力限制了纱线的自由移动，纱线的屈曲不能恢复到原状。

②松弛收缩：在纺纱、织造、染整过程中，纤维受一定程度机械外力的作用而使纤维、纱线和织物产生伸长变形，留下潜在应变，并有极其缓慢的松弛回缩。但纤维和纱线间的摩擦阻力会阻碍应变的恢复，染整中的烘燥又使应变来不及充分恢复而被暂时固定下来。洗涤时织物及纺织品处于松弛的湿热状态，有应力松弛回缩至原来稳定状态的趋势，洗涤液有助于克服阻碍其恢复的摩擦力并促进松弛过程，故织物洗涤后会产生松弛收缩。

③毡化收缩：缩绒性是毛织物缩水的一个重要原因。缩绒会使织物表面织纹不清、毡缩、形态尺寸不稳定。

织物的经、纬向缩水分别引起长度和幅宽尺寸的改变，一般织物经向较纬向缩水大，应根据经、纬向缩水率，预计衣料尺寸，预留缩水量，以保证服装尺寸的合适与稳定。

（2）受热后尺寸变化：指织物在受热时发生的不可逆的收缩现象，称为热收缩。如遇熨烫、热水、沸水、热空气和饱和蒸汽等时的收缩。

涤纶、锦纶、腈纶等合成纤维及以其为主的混纺织物热收缩较明显，并随温度提高而增大，故洗涤和熨烫时要掌握适当的温度；毛织物在服装加工及服用过程中，要经过汽蒸及干热熨烫，往往会引起尺寸变化，与服装的加工及穿着中的外观保持有密切关系。

2. 织物洗后外观稳定性

织物洗后外观指洗后外观平整度、褶裥外观及接缝外观。

织物的外观平整度取决于纤维的缩水性及在湿态下的折皱弹性。通常，纤维吸湿性小，织物的缩水率小且湿态下褶皱弹性好，织物洗后的外观平整度好，所以合成纤维织物的外观平整度优于天然纤维及部分再生纤维织物。天然纤维和人造纤维与合成纤维混纺，可改善织物的免烫性。

褶裥保持性主要取决于纤维的可塑性和弹性回复性及熨烫条件（如温度、湿度、压力大小与时间）。

（七）色牢度

色牢度指有色织物在加工和使用过程中，织物的颜色对各种物理和化学作用的抵抗能力。

染色牢度并不是致毒的因素，它之所以出现在标准规范中，是鉴于染料应持久地固着在织物上不能转移到人体上造成伤害。尽管纺织品印染使用的绝大部分染料、助剂和整理剂低毒，但如果色牢度较差，由于水洗和摩擦等使衣服上的染料脱落到身体上，部分染料或整理剂在人体汗液和唾液蛋白酶的生物催化作用下被分解或还原出有害的基团，被人体吸收而在体内集聚，会危害人体。特别是婴儿服装，由于婴儿喜欢咬嚼和吮吸衣物，可能通过唾液吸收有害物。此外，染色过程中或消费者服用并洗涤时，因色牢度差也会给生态环境带来不利影响。故纺织品色牢度检验对人类健康、环境保护具有积极意义。色牢度是纺织品重要的质量指标之一。

染色印花织物在使用中因光、汗、摩擦、洗涤、熨烫等原因会发生褪色或变色现象。染色状态变异的性质或程度可用色牢度表示。色牢度包括耐水、耐皂洗、耐光、摩擦、汗渍、唾液、熨烫、刷洗、海水、氯化水等色牢度。常用的有耐皂洗、耐汗渍、耐唾液、耐光、耐摩擦色牢度。耐光色牢度1～8级，其余1～5级。按统一的褪色和沾色标样（灰卡）比照评级。级数越高表示染色牢度越好。

影响织物染色牢度的有染料性质、染色条件、印染方法、染后处理及织物组织结构等因素。

二、舒适性

舒适性是服装材料为满足人体生理卫生和活动自如需要所必须具备的性能，通常分为热湿舒适性、接触舒适性、运动舒适性及美学舒适性。冬夏季服装和内衣对热湿舒适性要求较高。热湿舒适的标准是符合人体要求的热湿平衡，服装在人体与周围环境间可以起到温、湿度的调节作用，以维持人体的热湿舒适，服装面料的热湿传递性能包括吸湿、透气、透湿、热阻及湿阻、吸水性、放湿性等。

(一)吸湿性

1. 基本概念

吸湿性是织物在空气中吸收或放出气态水的能力。吸湿性强的织物能及时吸收人体排出的汗液，起到散热和调节体温的作用，使人体感觉舒适。

吸湿性对商品贸易、质量控制、性质测定以及生产加工都会产生影响，最重要的是影响服装穿着的舒适感，因此对服装面辅料吸湿性的测试与评价是十分必要的。

2. 影响因素

织物吸湿性的大小主要取决于纤维的组成和结构，还与环境湿度有关。

(1)纤维结构：各种纤维结构与成分不同，吸湿性也不尽相同。

纤维内部亲水基团的存在是纤维吸湿的主要原因。纤维分子结构中的亲水基团极性越强、数量越多，纤维吸湿能力越高。结晶度低、有空腔及空隙的纤维具有较好的吸湿性；纤维的比表面积越大，吸湿性越强。

天然纤维和再生纤维大分子中含有亲水基团，能吸附水分子并渗入纤维内部，故吸湿性好。合成纤维分子中大多不含有或含有相当弱的亲水基团，加上分子排列紧密，织物吸湿性差，有的纤维织物几乎不吸湿。

(2)织物的结构：结构较稀疏的织物，水分能够从织物间隙中透过，也能起到一定的吸湿作用。若纤维属疏水性，结构又过于紧密，水分既不被纤维吸附，又很难从织物间隙中透过，这类织物吸湿性较差。

(3)空气相对湿度：纤维吸湿性越好，越易受环境湿度影响；空气相对湿度越大，纤维的回潮率越大。

(二)透气性

1. 基本概念

当织物两侧空气存在压力差时，织物透过空气的性能称为透气性，相反特性是防风性。

纺织品的透气性直接影响服装的透湿和保暖性。透气的织物一般也可以透过水汽及液态水，它直接影响人体汗气和汗液的向外传递，其次，透气性大小与织物的含气率有很大关系，通常含气率小的织物，透气率也小，因此透气性与隔热性也有一定关系。冬季外衣织物应具有良好的防风保温性能。夏令服装面料应具有良好的透气性，以获得凉爽感。

2. 影响因素

织物透气性决定于纱线间以及纤维间空隙的大小与多少。

(1)纤维的形态及性能：一般，天然纤维织物比化学纤维织物的透气性好，天然纤维织物中棉、麻、丝织物的透气性比较好，而羊毛的透气性稍差。大多数异形截面纤维织物内纤维间的孔隙率较高，织物具有较好的透气性；纤维较粗的织物，透气性较大；纤维长度增加，织物透气性开始下降，继而升高；吸湿性强的纤维织物，吸湿(吸水)后纤维直径明显膨胀，织物紧度增加，使织物内部的空隙减少，再加上附着水分，空隙被阻塞，透气性下降；压缩弹性好的纤维，其织物透气性也好。如羊毛制品由于拒水性和弹性较好，织物内部的空隙不易减少，因此羊毛织物吸湿、吸水后的透气性递减趋势平缓。

(2)纱线结构：纱线线密度减小，透气性增加。在一定范围内，随着纱线捻度的增大，纱线直径和织物紧度降低，织物透气性有增加的趋势。

(3)织物组织结构：对于同样厚度的织物，结构较疏松的要比结构较紧密的透气性大。若织物的经纬纱细度不变，织物密度增大，则透气性下降；在其他条件相同的情况下，织物内纱线浮长增加，织物中孔隙将增大，从而使透气性增加，对织物的基本组织来说，透气性由高到低的顺序为：缎纹组织、斜纹组织、平纹组织；当织物单位面积质量增加时，织物趋于紧密厚实，其透气性变差；透气性与气孔形态的关系甚大，因此，呢绒织物不规则气孔的透气性较差；一般针织物比机织物的透气性要好；皮革、毛皮的透气性较差。

(4)织物后整理：经起绒、起毛、水洗、砂洗、磨毛等后整理的织物，结构紧密度增加，透气性减小。

(三)透湿性

1. 基本概念

当织物两侧在一定相对湿度差条件下，织物透过水汽的性能，称为透湿性，也称透汽性。织物透湿的实质是织物两侧在一定相对湿度差条件件下，水汽从高湿区透过织物向低湿区发散的过程。透湿性是影响舒适性的重要指标，对人体的热、湿平衡十分重要。

人体会排放大量水蒸气蒸发散热，尤其在夏季高温高湿的环境中，如不及时蒸发散热，会在皮肤与衣服之间形成高温区，使人感到闷热不适。织物如能吸收汗水使其向外散发，就能起到调节温度的作用。

2. 影响因素

（1）纤维特性：织物的透湿性与纤维的吸湿性密切相关。吸湿性好的天然纤维和人造纤维织物，都有较好的透湿性。特别是苎麻纤维吸湿性好，裂纹、胞腔大，而且吸湿和透湿速率大，吸湿散热快，接触冷感强，透湿性优良，贴身穿着时无粘身感，是理想的夏季衣料。羊毛纤维虽然吸湿性好，但放湿速度较慢，透湿性不如其他天然纤维织物，因此不适宜制作夏装。合成纤维吸湿性能都较差，有的几乎不吸湿，故合成纤维织物的透湿性一般都较差，穿着有闷热感，但其易洗快干，具有优良的洗可穿性；若与天然纤维混纺，可得到改善。

（2）纱线结构：若织物密度不变，而经、纬纱线密度减小，则织物透湿性增大。纱线捻度低、结构疏松、吸湿性好的纤维分布在纱线外层的织物透湿性较好。如涤棉包芯纱，织物透湿性比普通涤棉混纺织物要好。

（3）织物组织结构：织物透湿性主要取决于织物中孔隙通道长度、大小及多少，以及织物的厚度和紧度。多数织物的透湿性都随着织物厚度的增加而下降。当经、纬纱线密度保持不变，织物紧密度增加时，透湿性下降；交织点越多的织物，透湿性越差，透湿性由低到高的顺序是：平纹织物、斜纹织物、缎纹织物。

（4）织物后整理：织物经树脂整理后透湿性下降，经涂布吸湿层整理后透湿性明显得到改善。

（四）吸水性

1. 基本概念

吸水性是指织物能够吸收液态水的性能，也称吸汗性。

吸水性与服装舒适性有很大关系，影响服装的排汗能力。织物的吸水性可由吸水速度和吸水率来表示。吸水速度又可由滴水扩散时间及芯吸高度来表示。因此，织物对液态水的吸附能力可以由滴水扩散时间、芯吸高度及吸水率来表征。

织物通过纤维间或纱线间空隙的毛细管作用吸取液相水分。织物吸水后，含气量减少，透气性下降，从而引起不舒适感。因此对于服用织物，为了维持夏季皮肤的干爽，不仅要求吸水性好，而且要求干燥快。

2. 影响因素

（1）纤维形态与性能：纤维的吸湿性好，织物的吸水能力强，羊毛纤维吸湿性较好，但羊毛纤维因表面鳞片的拒水作用，所以几乎不吸水；纤维细、截面异形，其织物的芯吸效应好，吸水性好。

（2）纱线结构：纱线粗、结构疏松，有利于提高纱线吸水能力。纱线捻度大，织物的芯吸效应好，吸水性好。

（3）织物组织结构：织物的浮线长、结构疏松、丰厚，织物的吸水能力强；织物密度大，织物的芯吸效应好，吸水性好。

（4）织物后整理：起绒和缩绒整理都可提高织物的吸水能力，拒水和防水整理会降低织物的吸水能力。

（五）放湿性

1. 基本概念

放湿性是指织物吸水后的干燥能力。它是影响服装气候调节的重要因素。织物吸水后，不仅显著影响其保暖性，而且会对皮肤产生接触冷感。对于内衣和运动服及家用纺织品等不仅要求吸水性好，而且还要放湿性佳。

2. 影响因素

（1）纤维性能：一般情况下，疏水性纤维织物比亲水性纤维织物的放湿性要好，容易干燥；纤维的比表面积大的织物放湿性好，容易干燥，如超细和异形纤维织物。

（2）织物组织结构：紧密度和厚度小的织物，其放湿性好，容易干燥。

（六）保暖性

1. 基本概念

保暖性是指织物能够保持人的体温，防止体热向外界散失的性能。

保暖性是冬季服装及低湿环境工作服、运动服的十分重要的服用性能。

服装的保暖性受服装材料的透气性、热传导性、热辐射的反射、吸收与透过等性能影响，此外，还与服装穿着的层数和服装款式的开口形式有密切关系。

2. 影响因素

（1）纤维导热性：导热系数是衡量纤维导热性的指标之一。导热系数越大，热传递性越好，其织物保暖性越差。导热系数越小，其织物保暖性越好。氯纶比其他纤维具有较低的导热系数，其织物的保暖性较好。腈纶、羊毛、蚕丝的导热系数也较小，保暖性较好。由于不同种类纤维的导热系数相差不是很大，所以，纤维的导热系数对织物的保暖性影响不大。

（2）织物含气量：静止空气的导热系数最小，是热的最好绝缘体。织物内含气量越大，保暖性越好。较细的纤维，比表面积大，织物中静止空气的含量多，保暖性好，如超细纤维，中空或多孔纤维及羽绒；具有卷曲、弹性回复性好的纤维织物及蓬松的织物，静止空气的含量大，保暖性好，如羊毛、羊绒、起绒和起毛织物。因此，冬季穿着有絮填料的服装或穿着毛针织品会使温暖的空气裹住身体，起到御寒保温的作用。

（3）织物结构：织物厚度和紧密度是影响保暖性的重要因素。织物厚重紧密，热量不易散失，保暖性好。

（七）吸湿速干性

吸湿速干性是指纺织品吸收气态和液态水，并通过各种途径快速把水分排出晾干的能力。

吸湿速干性是影响服装舒适性的重要性能。对于夏季服装、内衣和运动服等吸汗性要好，速干性要佳。

人体在着装状态下或多或少有出汗现象，如果服装只是具备吸汗的功能，却不能快速导汗，湿气凝结在纤维中，使衣物变得潮湿，不仅影响服装的保暖性，而且对皮肤产生接触冷感，人体会感觉很不舒适；液态的汗液直接与织物接触，以液态水的形式润湿织物的内表面并且被织物吸收掉，再依靠纱线之间或纤维之间的缝隙所形成的毛细作用将水分输送到织物的外表面，最后蒸发扩散至外部空间。因此，汗液在经过润湿、吸湿、扩散、蒸发阶段就完成了从吸汗、排汗到快干的过程。其原理就是纤维表面有沟槽能产生毛细效应，可将人体所产生汗液经过芯吸效应、扩散传输等快速迁移到织物的外表面蒸发掉，达到吸湿速干的目的。

（八）防水透湿性

1. 基本概念

防水透湿性指织物能够阻止透过一定压力或动能的液态水，但两侧存在湿度差时却能透过水蒸气的能力。

防水透湿性与人体着装时的舒适感具有密切关系，防水透湿性好的织物不仅能满足寒冷、雨雪、大风等恶劣天气中的穿着需要，还能满足运动场合的穿着需要，也能满足化学有毒、传染环境的穿着需要，起到隔绝、过滤、透湿的作用。如果人体汗气不能排出体外，微气候区的水蒸气含量就会提高，导致其相对湿度增加，甚至在较低温度下水气会冷凝，使穿着者感到不舒适。防水透湿织物逐渐被应用于军用服、运动服、休闲装、特种功能服装及秋冬服装及鞋类等。

防水性与透水性是两种相反的性能，不同用途的织物对防水性、透水性、表面抗湿性的要求不同。雨衣、帐篷、帆布等应具有良好的防水性，而滤布应具有良好的透水性。

防水性是指织物抵抗被水润湿和渗透的性能，表征指标有沾水等级、抗静水压等级、水渗透量等。

织物表面抗湿性是指织物抵抗被水润湿的性能，常用来评价织物防水（泼水）整理效果，如雨衣、帐篷、篷盖布等防水整理制品。

抗渗水性能是指织物抗水压的能力或抵抗水渗透到织物内部的能力。

2. 影响因素

织物的防水性随纤维种类、织物组织结构和织物后整理等不同而异。织物不易于被水沾湿的特性主要与织物的表面性能有关。

（1）纤维种类：一般吸湿性较好的纤维织物，都具有较好的透水性，疏水性纤维织物具有较好的防水性。而纤维表面存在的蜡质、油脂等可产生一定的防水性。

（2）织物结构：紧密而厚的织物，防水性好，如卡其、华达呢紧密度较大，防水防风，可制作风雨衣。

（3）织物后整理：经过一般的防水整理，织物的防水性能优越，但透气、透湿性下降。而经过防水透湿整理，织物既防水，又透气、透湿。防水透湿整理主要是利用微多孔质薄膜层压或涂层，使织物中微孔直径介于水蒸气分子和水滴直径之间，即0.2～20μm，比雨滴直径（100～6000μm）小得多，而远远大于水蒸气的直径（0.0004μm），因而水蒸气分子可通过而水滴不能通过，从而具备防水透湿功能。

三、耐用性

耐用性是指织物在穿着、使用及加工过程中，受各种外力作用后仍能保持外观与性能基本不变的特性，如拉伸性能、撕破性能、顶裂性能、耐磨性能等，它直接关系到服装材料的使用性能和使用寿命。

服装在穿着、洗涤、收藏保管等环节，受到各种外力的作用而受到损坏，其形式有两种：一种是在受到较大应力和应变时产生的一次性破坏；另一种是在较小的应力和应变的反复作用下形成积累而导致破坏。服装在使用过程中一次受力破坏并不多见，主要是受到不同外界条件的作用而逐渐降低其使用价值，特别是磨损，它是造成织物损坏的主要原因。

（一）拉伸性能

1. 基本概念

织物在拉伸外力的作用下产生伸长变形。

2. 影响因素

（1）纤维种类和性能：是影响织物拉伸性能的决定因素。

（2）纱线结构：在织物组织和密度相同的条件下，股线织物较相同细度的单纱织物强力高；纱线线密度越大，其织物强力越高；在一定范围内适当增加纱线捻度，有利于提高织物强力；当经纬纱捻向相同时，在经、纬交织点处纤维倾斜方向相同，因而经、纬纱容易互相啮合，纱线间阻力增加，织物强力有所提高。

（3）织物组织结构：在其他条件相同的情况下，纱线的交织次数越多，浮线长度越短，织物的强力和伸长率越大。故平纹组织织物较斜纹、缎纹组织织物拉伸强力大，非提花组织比提花组织织物耐用。在一定范围内增加织物经纬向密度，可提高织物拉伸强力。通常经向拉伸强力大于纬向强力，斜向具有较大伸长率。

针织物比机织物的拉伸强力小，纵向强力比横向强力略大；针织物比机织物伸长率大，纬编织物比经编织物的伸长率大。

就拉伸强力而言，非织造物一般比机织物和针织物小。

（4）染整加工：织物的染整加工对织物拉伸性能有显著影响。如染整加工的各种化学作用，还可能使纤维大分子部分降解而强力降低；树脂防皱整理则由于纤维内大分子滑移受阻，导致织物拉伸性能变差。

（二）撕裂性能

1. 基本概念

在穿用过程中，织物由于被物体钩住或局部握持，在织物边缘某一部位受到集中负荷作用，使织物内部局部纱线逐根受到最大负荷而断裂，结果撕成裂缝的现象，称为撕裂。

撕裂与拉伸相比，更接近实际使用中突然破裂的情况，更能有效地反映其坚韧性能和耐用性。因此，目前已将撕裂强度作为树脂整理的棉型织物和某些化纤产品的品质检验项目之一。撕破性能不适于机织弹性织物、针织物及可能产生撕裂转移的经纬向差异大的织物和稀疏织物的评价。

2. 影响因素

（1）纱线性质：纱线强伸度大的织物耐撕裂。故合成纤维织物优于天然纤维织物和人造纤维织物。合成纤维与天然纤维混纺，可提高撕裂强力。

（2）织物组织结构：织物的交织点越多，经纬纱越不易滑动，撕裂强力越小。因此，平纹织物撕裂强力较小，缎纹织物最大，斜纹织物居中；织物密度越大，织物的撕裂强力越低。

（3）织物后整理：经树脂整理的棉、黏胶纤维织物，撕裂强力下降，尤其是棉织物更显著，因为树脂整理后，棉纤维的撕裂强力和断裂伸长率明显下降，黏胶纤维虽然撕裂强力有所提高，但断裂伸长率下降。

（三）顶破性能

1. 基本概念

将一定面积的织物周围固定，从织物的一面给以垂直的外力作用，使织物鼓起扩张而逐渐破裂的现象，称为顶破或胀破。织物所能够承受的最大垂直作用力，称为顶破强力。

在服用中受集中负荷的部位，如手套、袜子及衣裤等的肘膝部位及鞋面等。而服装穿着时出现较多的是拱肘拱膝现象，会影响服装的挺括性和美观性。为此，可以利用顶裂装置进行拱膝（肘）试验，用以判断服装穿着时形态的美观和稳定。

2. 影响因素

（1）织物结构：不同种类的织物情况不同。

①机织物经纬两向的结构和性质的差异程度对顶破强力有较大影响。

当经纬纱的断裂伸长率、断裂强度和经纬密度较接近时，两系统纱线同时承担最大负荷，同时开裂，织物裂口呈L形，顶破强力较大。

当经纬纱的断裂伸长率、断裂强度和经纬密度差异较大时，两系统纱线不能同时发挥最大作用，织物裂口呈直线形，顶破强力较小。

②针织物由于线圈结构，伴随垂直压力负荷会产生较大变形，与机织物比较，针织物的顶破强力较小。

③非织造物根据制造方法不同顶破强力差异大，但大多顶破强力较小。

（2）织物厚度：织物厚度对顶破和胀破强力的影响最大，织物厚度增加，顶破强力提高。

（四）耐磨性能

1. 基本概念

磨损指织物间或与其他物质间反复摩擦，织物逐渐磨损破坏的现象。织物的耐磨性指织物抵抗磨损的性能。

实践表明，磨损是织物损坏的主要原因之一，直接影响织物的耐用性。服装在使用中会受到各种反复摩擦，如内衣、袜子、被单及外衣的领口与人体皮肤及衣服相互间或与外界间的摩擦而产生磨损等，而引起机械、外观等性能下降，如强度、厚度减少，起毛，失去光泽，褪色，并最终破坏。

2. 影响因素

（1）纤维性能：纤维断裂伸长率、弹性回复率及断裂比功是影响织物耐磨性的决定因素。

在织物磨损过程中，纤维疲劳是基本的破坏形式，因此，纤维断裂伸长率大、弹性回复性好及断裂比功大的，一般织物耐磨性较好。如天然纤维没有涤纶、锦纶、氨纶等合成纤维的耐磨性好。涤纶、锦纶、氨纶断裂伸长率高、弹性回复率较大，涤纶、锦纶的强力也较大，锦纶耐磨性最好，涤纶、氨纶次之。天然纤维中的羊毛虽然强力较低，但伸长率较大、弹性回复率也较高，耐磨性优良。

纤维较长，不易抽拔，耐磨性较好。长丝织物比短纤维织物耐磨，纤维不易从纱中磨出；纤维细度适中有利于耐磨，中长纤维织物由于细度适中，耐磨性较好，粗纤维较耐平磨，细纤维较耐屈曲磨；异形纤维织物比圆形纤维织物耐平磨性好，耐屈曲磨性差。

（2）纱线结构：纱线捻度适中，织物耐磨性较好；捻度过大，局部应力增大，耐磨性下降；捻度过小，则纱线疏松，容易抽拔，耐磨性不好。条干均匀，织物耐磨性较好。纱线较粗的织物耐平磨性较好。股线织物比单纱织物的耐平磨性好，耐屈曲磨性差，半线织物的综合耐磨性较好。

（3）织物组织结构：在经纬密度较低时，平纹织物较耐磨；当经纬密度较高时，缎纹织物较耐磨；当经纬密度适中时，斜纹织物较耐磨。中等经纬密度的织物，随经纬密度的增加，织物的耐平磨性提高。织物厚度较大、单位面积重量较大，织物耐平磨性好，薄型织物耐屈曲磨性能好。毛绒和毛圈织物的磨损不像平滑织物那样显著。

（4）织物后整理：棉、黏胶纤维织物经树脂整理，耐磨性改善。

第二节 服装材料的风格特征

织物的风格特征是指人的感觉器官对织物所作的综合评价。它表示了织物的某些外观特征和内在质量，是一种受物理、生理和心理因素共同作用而得到的结果。

广义风格特征是指依靠人的触觉、视觉以及听觉等对织物风格的评价。狭义风格特征是指依靠触觉和视觉，即手感目测对织物风格进行评价。

一、织物风格特征

织物风格特征是一项综合性感觉特征，视觉和触觉效应并非孤立存在，而是相互融合，彼此渗透，单凭某方面的判断是不够的。如有些织物的某项特征，从视觉角度和触觉角度感受不同，看似硬挺，却手感柔软；看似纹理饱满，却手感平坦。

（一）光感

是由织物表面的反射光所形成的视觉效果，取决于织物的颜色、光洁度、纱线性质、组织结构和后整理、使用条件等。长丝织物、缎纹织物、细密的精纺呢绒、顺毛粗纺呢绒等光感较好。常用柔光、膘光、金属光、电光、极光等来描述织物光感。

（二）色感

由织物的颜色形成的视觉效果，与原料、染料、染整加工和穿着条件等有关。色感给人以冷与暖、明与暗、轻与重、远与近、收缩与扩张、和谐与杂乱、宁静与热闹等感觉。

（三）质感

质感是织物外观形象和手感质地的综合效果。评价面料时通常要评价质感，是否与服装风格统一。质感包括织物手感的粗、细、厚、薄、滑、糯、弹、挺等，也包括外观的细腻、粗犷、平面感、立体感、光滑感和起绉等。质感取决于纤维的性质，如蚕丝织物大多柔软、滑爽；麻织物则刚性、粗犷。织物组织的纹路影响织物的质感。提花组织、绉组织立体感强，缎纹组织则光滑感强。起绒、起毛、水洗、仿丝等整理均可改变织物的质感。

（四）型感

型感是指织物在其物理机械性能、纱线结构、组织结构、后整理及工艺制作条件等因素的作用下，反映的造型视觉效果。如悬垂性、飘逸感、造型能力、成裥能力、线条的表现力及合身性等。

（五）舒适感

舒适感指织物的光感、色感、质感、型感带给人的心理舒适感觉。如冷感、闷感、爽感、涩感、粘身感等。

二、织物风格的评定方法

评定方法有主观和客观两种。

手感目测的感官评定是主观评定，现仍广泛用于精纺呢绒，如“一捏、二摸、三抓、四看”的评定方法。

织物风格的客观评定是通过仪器测定织物的有关物理机械性能来表示织物风格特性。

习题与思考题

1. 名词解释：吸湿性、吸水性、透气性、透湿性、保暖性、悬垂性、抗皱性、缩水性、色牢度、抗起毛起球性。
2. 影响吸湿性、透湿性、吸水性、保暖性、悬垂性、抗起毛起球性及缩水性的因素各是什么？
3. 为什么蚕丝织物水洗、羊毛织物受热湿和机械外力作用、涤纶织物高温熨烫均会发生尺寸收缩？
4. 解释下列现象产生的原因。

（1）涤纶服装的洗可穿性好。

（2）羊毛、腈纶服装穿着保暖、舒适。

（3）合成纤维织物穿着时易纠缠、吸附身体。

（4）腈纶织物适宜制作户外工作服和防寒服。

（5）毛涤混纺服装与纯毛服装相比穿着既舒适又易护理。

5. 什么是织物的风格特征？如何理解织物的风格特征？

CHAPTER 4

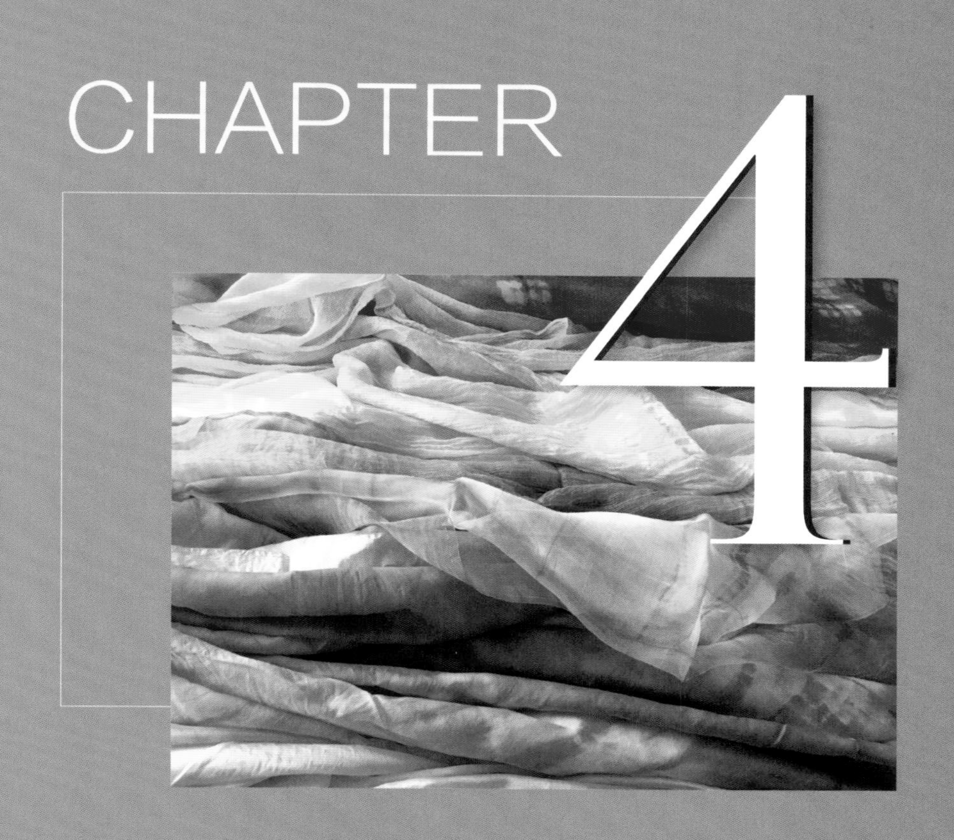

第四章

常用传统服装面料

第一节 机织面料典型品种的风格特征及应用

机织面料按织物的风格可分为棉型织物、麻型织物、毛型织物及丝型织物等，按织物组织结构可分为平纹织物、斜纹织物、缎纹织物、重织物、双层织物、起绒织物等。

一、棉型织物

棉型织物是用棉型纤维纯纺、混纺或交织而成的织物，其外观风格和手感与棉织物相似。

市场上常见的棉型织物大致可分为平纹类、斜纹类、缎纹类、起绒类、起绉类及色织类等。

(一)平纹类棉型织物

1. 平布

平布是经、纬纱细度和织物的经、纬密度相等或接近的平纹棉型织物。其结构紧密，表面平整。根据织物规格与风格的不同分为细平布、中平布、粗平布(图4-1)。

(1)细平布：又称细布，经纬纱为10~19tex，布身轻薄、平滑细洁、手感柔韧。多用于加工印花布、手帕、绣品等，适用于内衣、衬衫及婴幼儿服装等。

(2)中平布：又称市布，经纬纱为20~31tex，厚薄适中。多用于印染加工，是棉布中的大路品种。适用于内衣及婴幼儿服装、衬衫、衬裤及被里等。

(3)粗平布：又称粗布，经纬纱为32tex以上，布身较厚实、坚牢耐用。适用于外衣、衬料及被里等。

除纯棉平布、涤棉平布外，广泛使用的还有俗称人造棉的黏胶平布，适用于夏季服装。

2. 细纺

细纺是采用6~10tex的特细精梳棉纱或涤棉混纺纱织成的平纹织物。布面光洁、手感柔软、轻薄似绸，与丝绸中的纺类织物类似而得名。适用于夏季服装，特别是衬衫、睡衣及刺绣服装、刺绣手帕、床罩、台布及窗帘等。

3. 府绸

府绸是一种细特、高密的平纹或提花棉型织物，因有丝绸的风格而得名。织物紧度较高，且经纬向紧度比为5：3；织物中纬纱处于较平直状态而经纱屈曲较大，布面呈现明显、匀称、清晰丰满的菱形颗粒效应。质地轻薄，布面光洁，手感滑爽，但由于经向强度比纬向高，故易出现纵向裂口——“破肚”现象。

府绸的品种较多，有纱府绸、半线府绸和全线府绸；普梳、半精梳和全精梳府绸；高级府绸、普通府绸及厚府绸。适用于做衬衫、内衣、睡衣、夏季服装、童装、风衣、手帕、

(1)纯棉平布

(2)人造棉

图4-1 平布

床单及被罩等。

4. 麻纱

麻纱是采用较高捻度细特纱线的纬重平棉型织物，表面具有宽窄不同的纵向细条纹，因手感挺爽如麻而得名。稀薄透气，但纬向缩水率较大。适用于衬衫、裙、儿童服装、手帕等。

5. 巴厘纱

巴厘纱是采用细特强捻纱的稀薄半透明的平纹棉型织物，俗称玻璃纱。孔眼清晰，轻盈挺爽，透明度好，舒适透气。适用于衬衫、连衣裙、童装及手帕等。

6. 帆布

帆布是经纬纱均采用多股线制织的粗厚平纹棉型织物，因最初用于船帆而得名（图4-2）。紧密厚实、手感硬挺、坚牢耐磨。服装多用细帆布，外观粗犷、朴实自然、特别是经水洗、磨绒等，其手感柔软，穿着舒适。适用于秋冬外衣及风雨衣等。

（二）斜纹类棉型织物

1. 卡其

卡其是棉型织物中紧密度最大的一种斜纹织物。具有清晰的细、密、陡斜向纹路，质地紧密厚实，平整挺括，坚牢耐磨，但服装的三口（领口、袖口及裤口）易产生磨白、折裂现象。

卡其品种较多，有单面卡其、双面卡其；纱卡其、半线卡其和全线卡其；普梳、半精梳和全精梳卡其。

经过不同的染整工艺有印花卡其、闪光卡其、防雨卡其、水洗卡其、磨绒卡其等（图4-3）。具有柔软舒适的手感和柔和细腻外观的水洗卡其及磨绒卡其，抗皱性得到较大改善。适用于制服、夹克、裤子及风衣等。

2. 哔叽

哔叽是棉型斜纹织物中紧密度较小的一种，采用$\frac{2}{2}$加强斜纹组织，其经纬纱细度和织物经、纬密度接近，斜纹纹路为45°左右，纹路较宽且平坦，结构较疏松，手感柔软。

哔叽的品种有纱哔叽、半线哔叽和全线哔叽。

线哔叽正面为右斜纹，染色后适用于各类男女服装；纱哔叽正面为左斜纹，经印花加工，适用于女装、时装及儿童服装等。

（三）缎纹类棉型织物

横贡缎和直贡缎，均为缎纹组织的棉织物。布面光洁细腻，手感光滑柔软、悬垂好、具有丝绸的光泽和缎的风格，但耐磨性差。

1. 横贡缎

采用五枚纬面缎纹组织，经纬纱多用精梳纱，横贡缎多为印花织物，又名花贡缎，进行丝光整理和染色、印花后，再经轧光、电光整理，可增强抗起毛性及抗皱性。适用于高级时装、衬衫、裙子及童装等，也用于羽绒服面料及伞布等。

2. 直贡缎

采用五枚或八枚经面缎纹组织，主要品种有印花纱直贡缎（图4-4），印花纱直贡缎经轧光整理后与真丝缎的外观效应相似，适用于衬衫、童装。

（四）起绒类棉型织物

1. 灯芯绒

灯芯绒是采用纬起毛组织，经割纬起毛后，织物表面呈现耸立的条状或其他形状绒毛的棉型织物，因绒条圆润似灯芯草而得名。绒毛丰满整齐，手感厚实柔软，坚牢耐磨。

灯芯绒根据绒毛外观可分为条绒和提花灯芯绒。条绒根据绒条粗

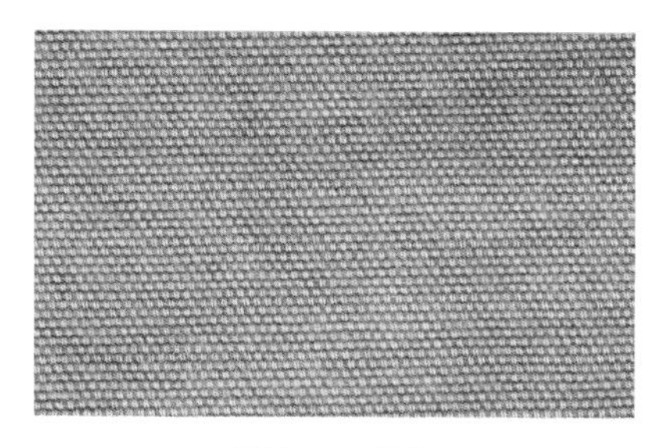

图4-2 帆布

图4-3 卡其

图4-4 直贡缎

细可分为特细条、细条、中条及粗条。除常规的条绒外，还有一些宽窄条、间隔条或将绒条偏割形成高低毛外观的条绒（图4-5）。提花灯芯绒是织物表面部分起绒毛构成各种图案（图4-6）。氨纶与棉纱的包芯纱弹力灯芯绒是近年的流行品种。

中条灯芯绒最普遍，其条纹适中，适合做男女各式服装。粗条灯芯绒的绒条粗壮，适用于夹克衫、两用衫、猎装、短大衣等。细条和特细条灯芯绒绒条细密，质地柔软，适用于衬衫、罩衫、裙装、儿童服装等。

灯芯绒在排料时要注意倒顺毛方向；因经常受到摩擦，在肘部和膝部与口袋内壁绒毛容易脱落，若在缝制时局部衬上一层薄衬，可减缓脱毛的现象；洗涤时不宜用热水用力搓洗或用硬毛刷子刷洗，洗后不宜熨烫，以免倒毛和脱毛。适用于男、女、儿童外衣、衫裙、鞋帽及窗帘、沙发套、帷幕等。

2. 平绒

平绒是采用起毛组织，经割绒后，织物表面形成短密平整绒毛的棉型织物。平绒包括经平绒和纬平绒，目前市售平绒以经平绒为多。

绒面平整、光泽柔和，手感柔软厚实，有弹性，不易起皱，保暖性较好，坚牢耐穿。丝光平绒、弹力平绒等经典又时尚，若起绒经纱采用丝光棉，可得到丝光绒，其绒毛光亮，外观华丽。平绒以素色和印花为主（图4-7）。适用于女装或装饰织物。

3. 绒布

绒布是坯布经拉绒处理后，表面形成一层蓬松细软绒毛的棉型织物，是将平纹或斜纹棉布经单面或双面起绒加工而成。触感柔软，保暖性好，吸湿性强，穿着舒适，洗涤时不要用力搓（图4-8）。

绒布可分为单面绒和双面绒；厚绒布和薄绒布。单面绒组织是以斜纹为主，又称为哔叽绒，正面印花，反面拉绒；双面绒组织以平纹为主，双面拉绒，以短密绒毛一面为正面；纬纱细度在58tex以上的绒布为厚绒布，其他为薄绒布。适用于睡衣裤、内衣、衬衫、童装、婴幼儿服装及里料等。色织条格绒布适用于朴素自然风格的衬衣、外衣。印有动物、花卉及一些童话故事图案的绒布又称“蓓蓓绒”，适用于婴幼儿服装。

（五）起绉类棉型织物

1. 绉布

绉布是采用一般经纱与强捻纬纱的平纹坯布，经染整处理强捻纬纱退捻收缩，布面形成绉效应的棉型织物。质地轻薄，手感挺爽，富有弹性。适用于衬衫、裙子、睡衣等。

2. 绉纹布

绉纹布是采用绉组织，布面呈现凹凸不平类似胡桃外壳绉效应的棉型织物，亦称绉纹呢或胡桃呢。手感柔软，外观厚实似呢，经丝光整理后光泽较柔和。适用于女装、童装等。

3. 泡泡纱

泡泡纱是织物表面全部或部分呈现凹凸不平的小泡泡的平纹棉型薄织物。外观新颖，立体感强，穿着时不贴身，轻薄凉爽，舒适柔软，洗涤后泡泡易消失，使服装保型性差，且泡泡部分易磨损。裁剪时放松量不要太

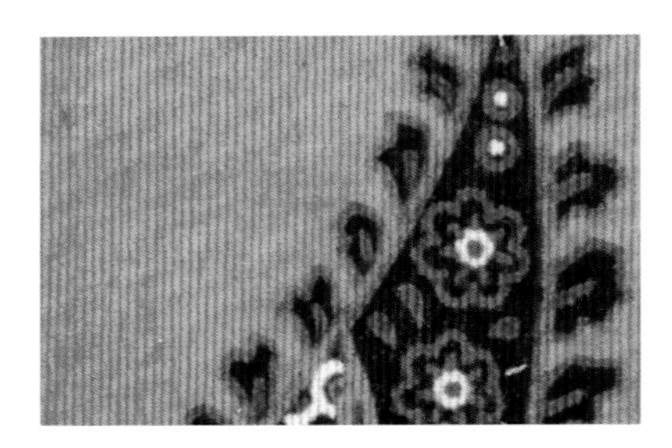

图4-5 条绒

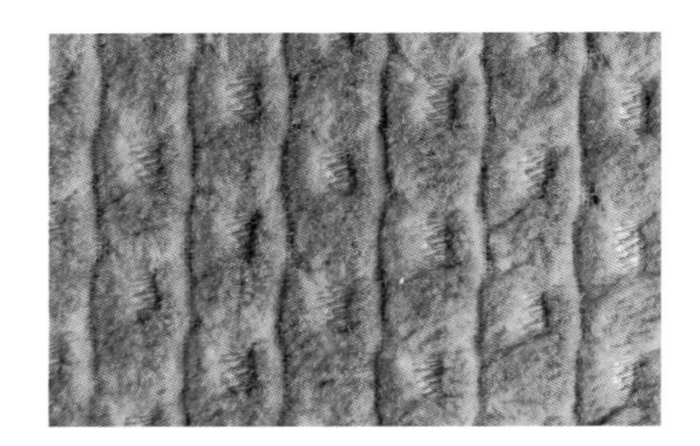

图4-6 提花灯芯绒

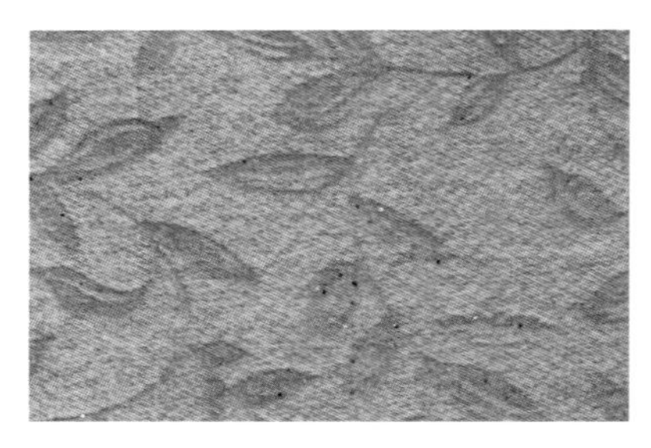

图4-7 轧花平绒

图4-8 绒布

大，不要用热水搓洗及拧绞，洗后不需熨烫。适用于夏季女衣裙、睡衣裤及童装等。

泡泡纱的加工方法有以下几种：

（1）织造泡泡纱：目前可以有两种形成方法。

双织轴织造：多为条子泡泡纱，采用双织轴织造，织造时两只织轴产生不同的送经量，不同张力的经纱在织物表面形成条状泡泡。织造泡泡纱凹凸明显，保型性好（图4-9）。

高低收缩纤维：利用纤维收缩性差异较大的纱线进行交织，经热处理后织物表面形成凹凸状的泡泡。

（2）碱缩泡泡纱：利用棉纤维遇浓碱液急剧收缩的特性，按照图案的要求，将浓碱液印于已染色或印花的底布上，印有浓碱液的部分发生收缩，未印有浓碱液的部分不收缩，织物表面形成各种花纹的泡泡，耐久性差，但经树脂整理后可得到提高。

（六）色织类棉型织物

用染色或漂白的纱线织成的织物。它比普通印染织物更具立体感，且花型丰富，染色均匀，色牢度高。

1. 牛津布

牛津布，又称牛津纺，是因为曾被牛津大学用为校服而得名的传统精梳棉型织物。原为色织牛津布，现大多数为合纤混纺纱与棉纱采用纬重平或方平组织交织，经染色后呈现色织效应的染色牛津布（图4-10）。织物表面具有明显的颗粒效应，手感松软、色泽柔和文静、穿着舒适。

牛津布品种有漂白、素色、色经白纬、色经色纬牛津布等。适用于男衬衫、休闲服、女套裙及童装等。

2. 牛仔布

传统的牛仔布是纯棉纱线、靛蓝染色的粗厚斜纹布，现代的中厚型和轻薄型牛仔布是具有舒适、随意、耐用、洗旧风格而兼有传统牛仔布重要特征的纺织产品。随着经济发展和消费者需求变化，牛仔布正向着多原料、多花色的方向发展。其应用范围也已扩大，已由服装扩大至鞋、帽、提包、提箱及装饰用织物等。由于高级牛仔织物的出现，牛仔服已由家居服、休闲服、度假服发展成为在社交场合中的服饰。

传统牛仔布是以纯棉靛蓝染色的经纱与本色的纬纱，采用$\frac{2}{2}$右斜纹组织交织而成的。此外，出现了不同的色彩、织物结构、整理效果的花色牛仔布。如各种彩色牛仔布、彩条彩格牛仔布、双色或闪色牛仔布、绉纹牛仔布、异支纱牛仔布、提花牛仔布、印花牛仔布、弹力牛仔布及人为损伤牛仔布等（图4-11）。

（1）按所用原料分：纯纺牛仔布、交织牛仔布及混纺牛仔布。

转杯纺纱以其优越的性能逐渐取代了牛仔布生产中的环锭纱。

（2）按组织不同分：牛仔织物有平纹、斜纹、缎纹及提花组织等。

（3）按后整理不同分：有石磨水洗、生物酶石洗、雪洗、套色、重漂、人为损伤、涂层等牛仔布。

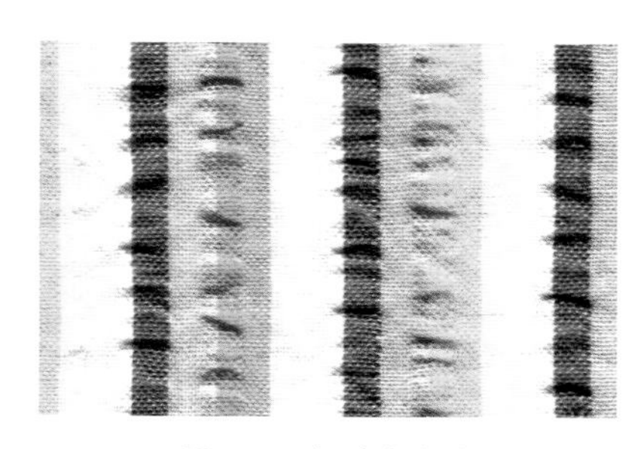

图4-9 织造泡泡纱

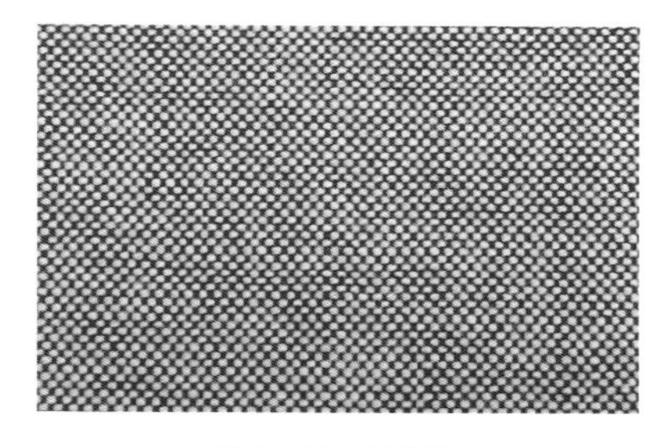

图4-10 牛津布

（1）彩条牛仔

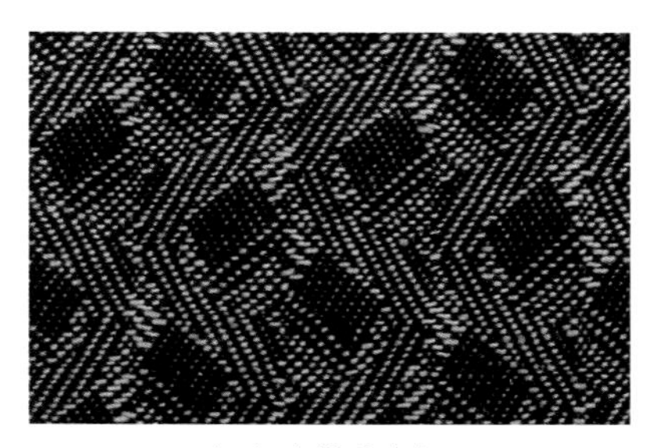

（2）大提花牛仔

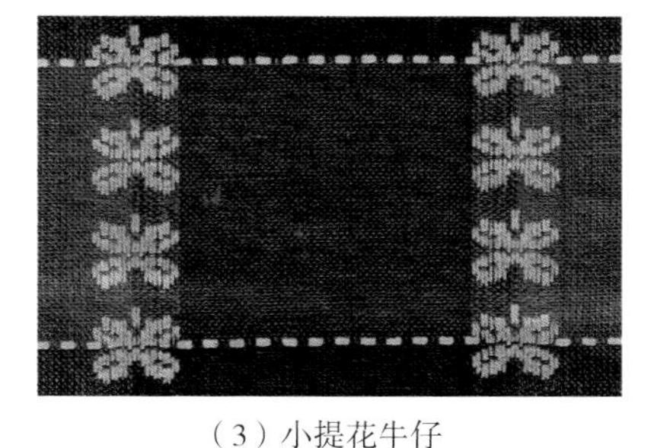

（3）小提花牛仔

图4-11 牛仔布

二、麻型织物

麻型织物是指用麻纤维或其他纤维纯纺、混纺或交织的织物。用于服装最多的是亚麻和苎麻织物，近年来，麻型织物呈现流行趋势，逐渐又出现了大麻及罗布麻服用织物。麻织物生产历史悠久，人们改进了纺纱工艺，运用混纺、交织、改性等各种方法，使麻织物的生产有了很大的发展，产品的服用性能、风格特征有了很大的改善。

（一）苎麻织物

苎麻织物是以苎麻纤维为原料织成的麻织物。苎麻纤维长而且光泽好，品质优良。苎麻织物是麻织物中较精细的一种，而且富有光泽，服用性能好。苎麻较硬的手感和易皱的缺点可用混纺和改性的方法加以克服。适用于夏季衬衣、裙装之外，还可制成各种时装、正规服装。

夏布是手工织制的纯苎麻布，是中国传统纺织品之一，因专供夏令服装和蚊帐之用而得名。先用手工绩麻成纱，再用木织机以手工织成苎麻布，以平纹组织为主，或细致，或粗糙。

20世纪以来，夏布的生产趋于衰落，但由于其良好的特性，仍受到消费者的喜爱。我国江西、湖南、四川等地仍有夏布，夏布手工生产的工艺和朴素自然、粗犷原始的风格，在国际流行的回归浪潮中又重新被人们所推崇。有的夏布加工成蓝印花布的风格，强化了浓郁的民族风格。

（二）亚麻织物

亚麻织物是以亚麻纤维为原料织成的麻织物。由于亚麻纤维整齐度差，成纱条干不匀，因此织物具有粗、细条纹，甚至还有粗节和大肚纱的独特风格。

亚麻比苎麻手感柔软，与棉交织成薄型的衬衫面料，穿着舒适，又有麻织物透气散湿的优点，是夏季理想的服装面料。亚麻与涤纶混纺的织物外观粗犷豪放成为外衣的流行面料。

（三）罗布麻织物

罗布麻是后起之秀，比苎麻、亚麻纤维更细更长，且具有光泽，面料更柔软细洁，而且具有一定的保健作用，是很有发展前途的麻织物。

三、毛型织物

毛型织物是毛纤维或用毛型化学纤维纯纺、混纺或交织而成的织物，其外观风格和手感与毛织物相似，又称呢绒。

毛织物根据纺纱系统和产品风格，通常分为精纺毛织物和粗纺毛织物。

（一）精纺毛织物

精纺毛织物一般采用支数较高的精梳毛纱织制的织物，又称精纺呢绒。所用纤维较长且细，纱线中纤维排列平直整齐，纱线结构紧密。呢面平整光洁，质地紧密，织纹清晰，富有弹性。

1. 派力司与凡立丁

派力司与凡立丁是传统的轻薄平纹精纺毛织物。

（1）派力司：是采用混色精梳股线为经纱，单纱为纬纱织制的混色织物。外观具有混色夹花雨丝条花，色泽以浅灰、中灰及浅米色为主，也有少量杂色，表面光洁，质地轻薄，手感挺爽，光泽柔和（图4-12）。适用于夏季套装、西裤等。

（2）凡立丁：是采用捻度较大的精梳股线织制的匹染素色织物。呢面平整、织纹清晰、手感挺括、富有弹性，比派力司稍感柔糯，以浅色为主，亦有本白色及少量深色（图4-13）。

适用于春秋及夏季西服、西裤、裙子及军装等。

2. 哔叽

哔叽是素色斜纹精纺毛织物，采用$\frac{2}{2}$右斜纹组织，其经纬纱线细度和织物经纬密度基本一致。斜纹纹路约50°，与华达呢相比，纹路较平坦、间隔宽。呢面光泽柔和，纹路清晰，手感柔糯（图4-14）。通常为匹染，以藏青色居多。适用于制服、套装等。

3. 华达呢

华达呢，又名轧别丁，属于高档斜纹精纺毛织物。华达呢密度较高，且经密比纬密大一倍。斜纹纹路约呈63°，纹路清晰、细密、饱满。呢面色光柔和自然，质地紧密厚实，手感滑糯，富有弹性，但易产生极光，勿直接熨烫织物正面。经防水整理可制作高档风雨衣。

多为素色，近几年多采用流行色调，有条染、闪色效果和花式纱线织入的华达呢。华达呢品种很多，有单面华达呢、双面华达呢和缎背华达呢（图4-15）。

（1）单面华达呢：采用$\frac{2}{1}$斜纹组织，正面呈现右斜纹，反面平坦。质地轻薄，滑糯柔软，悬垂，适用于西装、套装。流行色薄型华达呢多用做女装及裙子等。

（2）双面华达呢：采用$\frac{2}{2}$加强斜纹组织，正面呈现右斜纹，饱满粗壮；反面呈现左斜纹，不如正面清晰。质地较厚，挺括感强，适用于男式礼服、西装等。

（3）缎背华达呢：采用加强缎纹组织，正面呈右斜纹外观，反面呈经浮线较长的缎纹外观。质地厚重，挺括保暖，但易起毛。若制作裤子，裤线难以持久，适用于春秋大衣。

4. 啥味呢

啥味呢，又称春秋呢，是一种混色有轻微绒毛的、中厚型斜纹精纺毛织物。采用$\frac{2}{2}$斜纹组织，外观与哔叽相近，以灰色、咖啡色等混色为主。呢面有均匀短小的绒毛，斜纹纹路隐约可见，手感柔软滑糯、丰满，有身骨，光泽自然柔和。适合做春秋装、夹克、裙子、裤子等（图4-16）。

图4-12 派力司

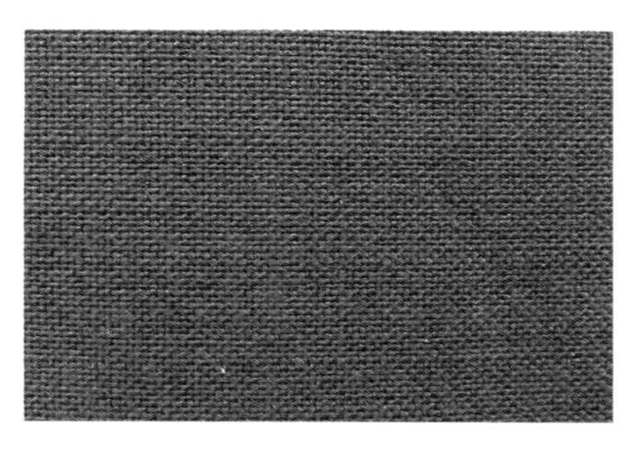

图4-13 凡立丁

图4-14 哔叽

图4-15 华达呢

图4-16 啥味呢

5. 马裤呢

马裤呢是最厚重的传统的高级精纺毛织物。因过去常用作骑马狩猎的裤料而得名。经纬纱为股线，以复合斜纹组织织制，以军绿为主。呢面呈现倾角70°左右的急斜纹，正面斜纹粗壮，反面纹路扁平。质地厚实，呢面光洁，织纹粗犷，手感挺实而有弹性，坚牢耐磨（图4-17）。适用于高级军用大衣、军装、猎装、男女春秋外衣及大衣等。

6. 直贡呢

直贡呢，又称礼服呢，是中厚型经面缎纹精纺毛织物，常匹染成黑色，也有藏青、灰色、闪色及夹花直贡呢。呢面呈现75°左右的细斜纹，反面平坦细腻。手感柔软滑糯，垂感好，富有弹性，光泽较好，耐磨性差。适用于礼服、西装等。

7. 驼丝锦

驼丝锦是细洁紧密的中厚型变化缎纹精纺毛织物，以黑色、藏青色为主，现也有流行色彩。织物表面呈不连续的斜纹，原意为母鹿的皮，比喻品质精美，背面似平纹。紧密平整，织纹细腻，光泽柔和，手感柔滑，弹性好。适用于礼服、上装及套装等。

8. 女衣呢

女衣呢是轻薄松软的女装精纺用料。组织结构可以为平纹、斜纹组织，还可以采用联合组织、变化组织和提花组织等。花色变化繁多，色谱齐全，颜色鲜艳明快，呢面有各种细致图案或凹凸变化的纹样，织纹清晰新颖，花型有平素、直条、横纹，还有各种传统的格子。利用各种花式纱线可作花俏活泼的点缀或利用各种闪烁金属光泽的金银线作装饰。大多为素色产品，也有少量混色品种（图4-18）。

女衣呢质地细洁、轻薄松软，富有弹性，织纹清晰，色泽匀净，光泽自然，时令适应性强。适用于各季女装，特别是时装。

9. 花呢

花呢是花式毛织物的统称，是花色变化最多的精纺毛织物。综合运用各种手法，使之获得变化丰富的外观效应。利用平纹、斜纹和变化组织、双层组织、小提花组织等组织及各种丰富多彩的纱线，织出外观呈点子、条子、格子及其他丰富多彩的花式效应。

织物光泽柔和，手感或紧密挺括，或丰满柔糯，或疏松活络。适用于各季服装，特别是时装。

按呢面风格可有纹面花呢、绒面花呢及轻绒面花呢。传统品种有板司呢、海力蒙、雪克斯金、牙签呢（图4-19）。

（1）板司呢：是中厚花呢中的一种，由于采用$\frac{2}{2}$方平组织，呢面形成小格或细格。

（2）海力蒙：是中厚花呢中的一种，呢面呈现山形或人字形斜纹，似鲱鱼骨状的花纹。

素色海力蒙表面呈隐约可见的人字形斜纹；花色海力蒙可采用混色纱线，或深浅不同的同色调的经、纬纱交织，从而产生混色或闪色效果，花色雅致、庄重大方（图4-20）。

（3）雪克斯金：是紧密型中厚花呢，外观条纹斑驳，像鲨鱼的皮。采用$\frac{2}{2}$斜纹组织，经、纬纱均以一深一浅间隔排列，组织与色纱的配合使呢面呈阶梯状花纹，呢面洁净、花型典雅（图4-21）。

（二）粗纺毛织物

粗纺毛织物一般采用支数较低的粗梳毛纱织制而成，也称粗纺呢绒。纱线中纤维排列不够整齐，纱线结构蓬松，毛羽较多。多数产品需要经过缩呢和起毛工艺，其呢面绒毛覆盖，不露底纹或半露底纹，质地紧密厚实，手感丰满柔软，保暖性强。

1. 麦尔登

麦尔登是品质较高的粗纺毛织物。以$\frac{2}{2}$和$\frac{2}{1}$斜纹组织等织成，经重缩绒整理，呢面有丰满细密的绒毛，不露底，质地紧密有身骨，弹性好，手感丰厚柔软，耐磨不易起球。以深色为主，适用于大衣、制服等。

2. 海军呢

海军呢是海军制服呢的简称。因多用于海军制服，而得名。采用$\frac{2}{2}$斜纹组织织成，经缩绒、起毛、剪毛等整理，呢面具有紧密的绒毛，基本不露底，质地紧密，但身骨不如麦尔登，原料及品质介于麦尔登和制服呢之间。多染成海军蓝、军绿、藏

图4-17 马裤呢

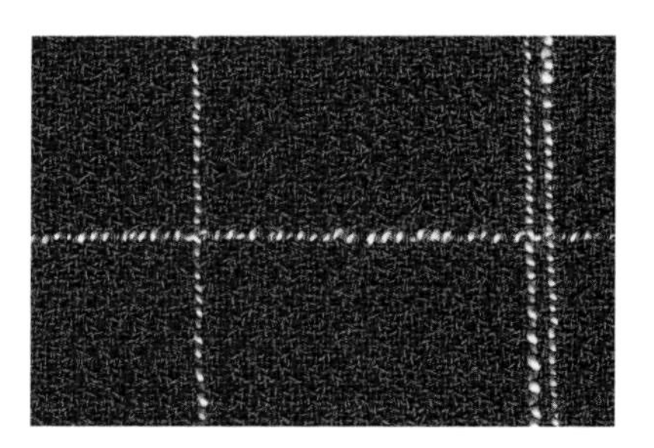

图4-18 女衣呢

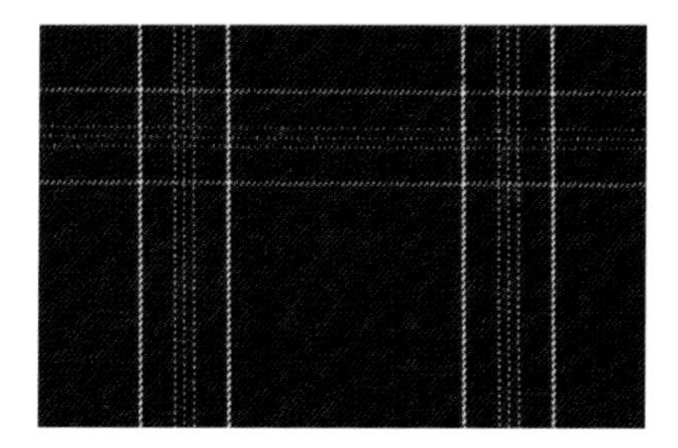

图4-19 花呢

图4-20 海力蒙

图4-21 雪克斯金

青及深灰色等，适用于军服、海关人员制服、春秋外套及大衣等。

3. 制服呢

制服呢是最大路的粗纺毛织物，品质较低。采用$\frac{2}{2}$斜纹或破斜纹组织等织成，经缩绒、起毛、剪毛等整理，呢面有均匀的绒毛但轻微露地，表面有粗短毛，手感较粗糙，不及海军呢细腻，色泽不匀净，色光较差，耐磨但易露底，原料及品质不及海军呢，价格较低。以藏青、黑色为主，适用于制服、外套、夹克衫等。

4. 法兰绒

法兰绒是中高档混色粗纺毛织物。采用平纹及$\frac{2}{2}$斜纹组织等织成，经缩绒、拉毛整理，呢面具有混色夹花的风格，有轻微绒毛覆盖，薄型的稍露地，厚型的质地厚实紧密，手感柔软细腻，丰满有弹性，身骨较松，悬垂，不起球（图4-22）。

有素色、花式法兰绒及弹力法兰绒等。素色法兰绒是以黑白混合而成法兰绒特有的浅灰、中灰、深灰等色。花式法兰绒是以素色法兰绒为基础，形成的条子和格子法兰绒。适用于春秋外衣、裤子、裙子及童装等。

5. 女式呢

女式呢又称“女服呢”“女士呢”，主要用于女装，是质地较轻薄的粗纺毛织物，多为单色产品，但以浅色居多，也可通过色织得到各种条、格及印花品种。手感柔软、质地轻薄、色泽鲜艳。适用于女式大衣、春秋外衣、西服、套裙及两用衫等（图4-23）。

女式呢按外观风格可分为平素女式呢、顺毛女式呢、立绒女式呢及松结构女式呢。

平素女式呢：呢面绒毛较细密，其色泽鲜艳、不露底纹或微露底纹。

顺毛女式呢：呢面绒毛向一个方向倒伏，滑润细腻、光泽好。

立绒女式呢：呢面绒毛短而直立，不露底、手感丰厚、有身骨。

松结构女式呢：不经缩绒或轻缩绒，其呢面纹路清晰粗犷、质地松软别致，稍有粗糙感。

6. 粗花呢

粗花呢是粗纺呢绒中花色品种最多，用量较大的织物。多采用单色或混纺纱线或花式纱线，采用平纹、斜纹、变化及联合组织等织制，具有各种花式效应（图4-24）。质地粗厚、色泽协调、粗犷活泼、文雅大方。适用于西装、时装、裙子及童装等。

粗花呢根据外观风格可分为纹面粗花呢、呢面粗花呢和毛面粗花呢。传统品种有钢花呢、海力斯。

（1）钢花呢：亦称火姆司本，因表面均匀散布有红、黄、蓝、绿等彩点，似钢花四溅而得名。

采用平纹、斜纹组织，外观色彩斑斓，风格独特（图4-25）。

（2）海力斯：是粗花呢的传统品种之一。原料主要为低档粗花呢用料，采用较粗的纱，较稀的密度，以平纹及斜纹组织织制，大部分为散毛染色的混色产品。织纹清晰，表面有稀疏的绒毛并夹有白色枪毛，质地松而硬挺，手感粗糙，有弹性，风格粗犷，价格低廉。

7. 大衣呢

大衣呢是厚重的粗纺毛织物，具有质地厚实、保暖性好等特点，适用于男、女长短大衣。

图4-22 法兰绒

图4-23 女式呢

图4-24 粗花呢

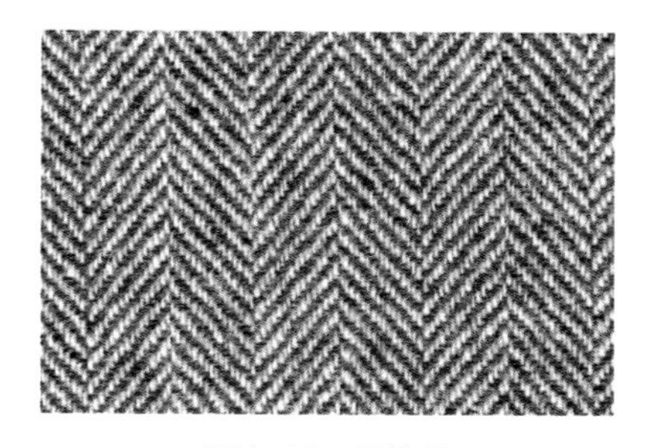

图4-25 钢花呢

大衣呢根据外观风格和结构分为平厚大衣呢、立绒大衣呢、顺毛大衣呢、拷花大衣呢及花式大衣呢。

（1）平厚大衣呢：采用$\frac{2}{2}$斜纹和纬二重组织等，经缩绒、拉毛、剪毛等整理，呢面平整、毛绒丰满不露底，手感厚实而不板，色泽素雅。

（2）立绒大衣呢：采用变化斜纹和纬面缎纹组织等，经缩绒后反复倒顺起毛整理，呢面绒毛密立平齐，质地厚实，手感丰满不松烂，富有弹性，光泽柔和。

（3）顺毛大衣呢：采用$\frac{2}{2}$斜纹和纬面缎纹组织等，经缩绒、拉毛等整理，产生仿兽皮的外观风格，绒毛较长，一顺倒伏，顺密整齐、不露底，光泽好，手感柔软顺滑，具有较好的穿着舒适性和高档感。常采用一些特种动物毛纯纺或混纺。如羊绒大衣呢、兔毛大衣呢、马海毛银枪大衣呢等（图4-26）。

（4）拷花大衣呢：采用纬起毛组织，经重缩绒、起毛等整理，呢面呈现本色清晰的人字、斜纹或水浪形等凹凸立体花纹。拷花大衣呢又分为立绒拷花、顺毛拷花，顺毛手感柔软，立绒质地丰厚，富于弹性（图4-27）。

（5）花式大衣呢：是大衣呢中变化最多的品种，多为轻缩绒和松结构，采用色纱排列或花式纱线，以平纹、斜纹、小花纹及纬二重或双层组织等织制（图4-28）。

按呢面外观可分为花式纹面大衣呢、花式绒面大衣呢。

图4-26　顺毛大衣呢

图4-27　拷花大衣呢

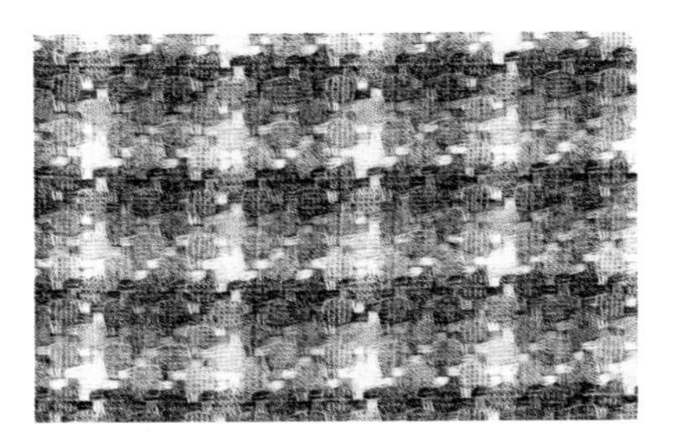

图4-28　花式大衣呢

花式纹面大衣呢的呢面光洁，利用色纱与组织配合，产生人字形、条格型等花纹，花式纱线的使用使肌理更丰富，装饰感强。花式绒面大衣呢经缩绒、起毛等整理，具有立绒、顺毛的外观风格，手感较柔软丰厚。

四、丝型织物

桑蚕丝和柞蚕丝是天然丝织物的主要原料。天然丝绸光泽莹莹、风格翩翩，素有衣料女皇之称，而中国的丝绸更是享誉世界。丝织物依其外观与结构特征可分为14大类，即纺、绉、绸、绫、罗、缎、锦、绡、绢、纱、绨、葛、绒、呢。

除了以长丝织造外，还可以采用绢丝或䌷丝织制，随着化学纤维的发展，利用化学纤维长丝织成的织物，使织物的花色品种更加丰富。丝型织物是利用蚕丝、化纤长丝纯织或交织，形成的丝绸风格的织物。

（一）起绉效应

绉类：是采用强捻纱以平纹组织织成，经练漂等后处理，织物外观能呈现皱缩效果的丝型织物。外观风格独特，光泽柔和、手感滑糯，有一定的弹性和抗皱性，透气舒适，但缩水率较大。适用于衬衫、内衣、连衣裙、裙裤及头巾等。

主要品种有：双绉、顺纡绉、碧绉、乔其绉、冠乐绉。

（1）双绉：被称为“中国绉”。采用平经绉纬，经纱为无捻平丝，纬纱为强捻丝，并以2S、2Z交替织入，故在练漂后因强捻丝的退捻方向不同，使织物表面呈现出均匀的隐约细绉纹，纬向隐约可见明暗横档（图4-29）。

有漂白、素色、印花、扎染、蜡染等品种，近年出现砂洗真丝双绉，织物变厚，手感丰满、细腻柔滑，泛白光，古朴自然，洗可穿性大为改善。

（2）顺纡绉：与双绉的区别在于纬纱只有一个捻向，经练漂后，形成一顺向的绉纹，比双绉的绉纹明显而粗犷，弹性更好，穿着更舒适

（图4-30）。

（3）乔其绉：亦称乔其纱，是用强捻丝织成的轻薄、稀疏、透明、起绉的丝型织物。经、纬向都以2S、2Z的强捻丝交替织入，经漂练后，绸面产生乔其纱的风格特征，即均匀的绉纹和明显的细孔，轻薄而稀疏的质地，悬垂飘逸。

有染色和印花品种，适用于高级晚礼服、裙子及衬衫等，亦可作围巾、头巾、面纱及窗帘、灯罩等，更是少数民族喜爱的服装用料（图4-31）。

（4）冠乐绉：由平经、平纬和绉经、绉纬两组丝线，配以双层平纹组织的桑蚕丝绉类提花织物。立体感强，弹性好（图4-32）。

（二）光亮效应

1. 缎类

缎类是指缎纹组织的花、素丝织物。除绉缎外，经纬丝一般不加捻。缎面光泽明亮，手感细腻柔软，但耐磨性差。薄型缎可用于衬衫、裙、头巾、舞台服装；厚型缎可用于外衣、旗袍等。

主要品种有软缎、绉缎、桑波缎、织锦缎和古香缎等。

（1）软缎：是我国丝绸中的传统产品，缎类的代表品种。大多为桑蚕丝与有光人造丝的交织物，也有纯人造丝的，以八枚缎纹织成。经、纬丝线无捻或弱捻。有素软缎和花软缎之分，缎面平滑光亮、质地柔软，背面呈细斜纹。适宜制作女装、礼服、便服绣衣、戏装、高级服装的里料、被面及少数民族服装等。

（2）绉缎：是采用平经绉纬的桑蚕丝缎类丝织物，纬丝以2S、2Z相间织入，经练漂后织物一面有类似双绉的效应，另一面为平滑光亮的缎纹效应，两面均可用于服装的正面。以素绉缎为主，也有花绉缎，可用于衬衫、连衣裙及礼服、高级服装等。

（3）桑波缎：是采用平经绉纬的桑蚕丝提花缎类丝织物，是在五枚纬面缎纹地上提出五枚经面缎纹花，纹样以写实花卉或几何图案为主。具有缎面光泽柔和、地部略有微波纹的外观效果，又称桑波绉。适用于男女衬衫、连衣裙等。

（4）织锦缎和古香缎：是最为精致的高档缎类丝织物，在经面缎纹上提3色以上，最多可达7～10色纬花。缎面平挺光亮、细致紧密，质地厚实坚韧，花纹丰富、色泽绚丽。

织锦缎具有传统民族特色的梅兰竹菊等四季花卉、禽鸟动物和自然景物等彩色花纹，有豪华富丽之感；细致紧密，光亮，花纹丰富，缎地绒花。适用于旗袍、上装、礼服、睡衣、袄面及少数民族服饰（图4-33）。

古香缎则以亭台楼阁、小桥流水、花鸟鱼虫或人物故事等巧布缎面，古香古色，民族工艺风格更浓；不如织锦缎花纹丰满、细腻紧密、光亮，稍松软，满地布花。适用于袄面、戏装、相册的贴面等（图4-34）。

2. 锦类

锦类是传统高级多彩提花丝织物，采用重组织或双层组织织成。质

图4-29 双绉

图4-30 顺纡绉

图4-31 乔其绉

图4-32 冠乐绉

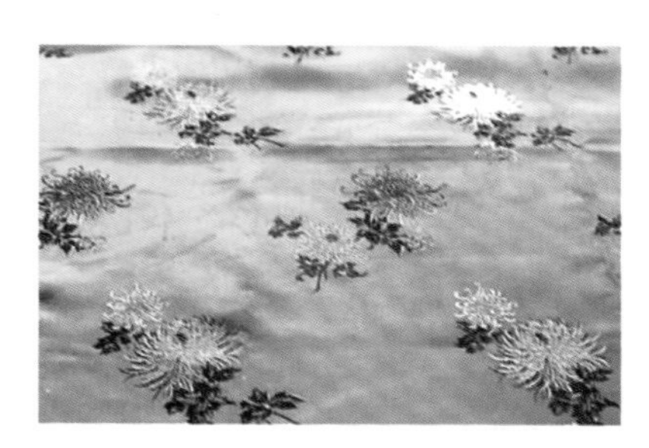

图4-33 织锦缎

地厚实丰满，外观绚丽多彩，花纹精致古朴，适用于袄面、旗袍与室内装饰物等。

中国传统的四大名锦为蜀锦、宋锦（图4-35）、云锦、壮锦。

（三）透明效应

绡类：是采用桑蚕丝或化纤丝，以平纹组织或假纱组织（透孔组织）织制的爽挺轻薄、透明、孔眼方正清晰的丝型织物。有素绡、条格绡、提花绡、剪花绡、烂花绡、缎条绡等，主要适用于晚礼服、裙衣、头巾、披纱及窗帘、帐幔等。

（1）缎条绡：是缎条绡类丝织物，绡类部分轻薄透明，缎类部分平滑光亮，手感柔软（图4-36）。

（2）烂花绡：是锦纶丝与有光黏胶丝交织物。经烂花后，具有绡地透明、花纹光泽明亮、质地轻薄爽挺的特点（图4-37）。

（四）绒面效应

绒类：是采用桑蚕丝或与人造丝以起毛组织交织而成，表面全部或局部具有绒毛或绒圈的丝织物，统称为丝绒。绒毛紧密耸立，质地柔软厚实，色泽鲜艳光亮，风格富贵华丽。

按织制方法可分为天鹅绒、乔其绒、金丝绒。按织物加工工艺和绒毛效果可分为素色绒、印花绒、立绒、烂花绒、凹凸绒和条格绒等。适用于礼服、裙子、旗袍等。

（1）天鹅绒：因起源于中国福建省漳州地区，又称“漳绒”，是以绒经在织物表面形成绒圈或绒毛的花色、素色丝绒织物。素天鹅绒表面全部为绒圈，而花天鹅绒则将部分绒圈按花纹割断成绒毛，使绒毛和绒圈相间构成花地分明的花纹。多以清地团花、团凤、五福捧寿等花纹图案，黑、酱、杏黄、蓝等色为主。

图4-34 古香缎

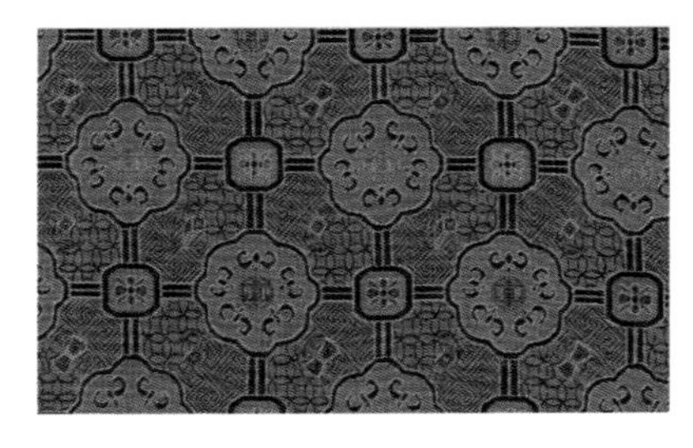

图4-35 宋锦

图4-36 缎条绡

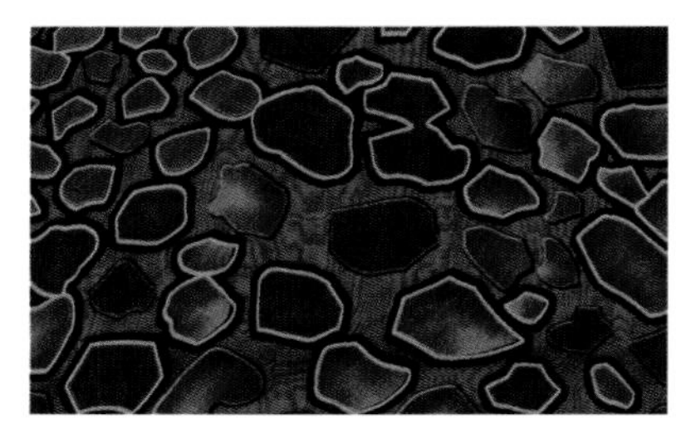

图4-37 烂花绡

（2）乔其绒：采用桑蚕丝与黏胶丝交织的双层经起绒的丝绒织物。双层绒坯经割绒后成为2块织物，经剪绒、练染或印花、立绒等加工而成，还可加工成烂花乔其绒（图4-38）。利亚绒是黏胶丝的双层起绒的丝绒织物。

（3）金丝绒：是桑蚕丝和黏胶丝交织的单层经起绒的丝绒织物。单层绒坯经割绒后，绒经呈断续状卧线，然后经精练、染色、刷绒等加工而成。绒毛浓密，毛长且略有倒伏，但不及其他丝绒平整（图4-39）。

（五）孔眼效应

1. 纱类

纱类是地纹或花纹的全部或部分采用绞纱组织构成的具有纱孔的花色、素色丝织物。

莨纱绸，又称香云纱或拷绸，经薯莨液浸渍处理的桑蚕丝生织的提花绞纱丝织物，是广东的传统产品。在平纹地上以绞纱组织提出有均匀细密小孔眼的满地小花纹的纱坯，经上胶晒制而成的称莨纱。平纹组织的绸坯，经上胶晒制而成的称莨绸。布面乌黑光滑、手感硬挺、爽滑、透气、防水、易洗快干、免熨；但不宜折叠，摩擦后易损，造成脱胶而影响外观。适宜制作夏季，特别是老年便装（图4-40）。目前已开发了彩色和印花莨纱绸。

2. 罗类

罗类经纬纱采用合股丝，全部或部分采用罗组织织制的呈横向或纵向纱孔的丝型织物，分别称为“横罗”或“直罗”。

杭罗因原产于杭州而得名，其绸面具有等距规律的直条形或横条形的纱孔，以横罗为多，桑蚕丝为主。质地挺括滑爽，孔眼清晰，穿着舒适凉快。多用于夏季衬衫、便服等（图4-41）。

（六）横凸条效应

1. 葛类

葛类是采用平纹、经重平、急斜纹组织，经细纬粗、经密纬疏，表面光泽暗淡、有明显横向凸纹的花色、素色丝织物。适用于春秋季或冬季服装、沙发和窗帘等。

文尚葛是采用黏胶丝与棉纱以联合组织交织的葛类丝型织物，质地精致，紧密厚实，地部横向凸纹明显，花纹微亮突出，反面平滑光亮（图4-42）。

2. 呢类

呢类是采用较粗的经纬丝线以绉、平纹、斜纹或变化组织织制的质地丰厚、光泽柔和，具有毛型感的花色、素色丝型织物。适用于衬衫、裙子、袄面等。主要品种有大伟呢、四维呢等。

四维呢是采用平经绉纬的呢类花、素丝型织物。绸面有明显的细横凸条纹，反面比正面光亮、横条扁平，质地丰厚、手感柔糯、弹性好（图4-43）。

（七）斜纹效应

绫类：是以斜纹或变化斜纹为基础组织，表面具有明显的斜纹纹路，或山形、条格形及阶梯形等花纹的花色、素色丝型织物。质地轻薄、手感柔软。常见品种有斜纹绸、美丽绸、羽纱、采芝绫等。

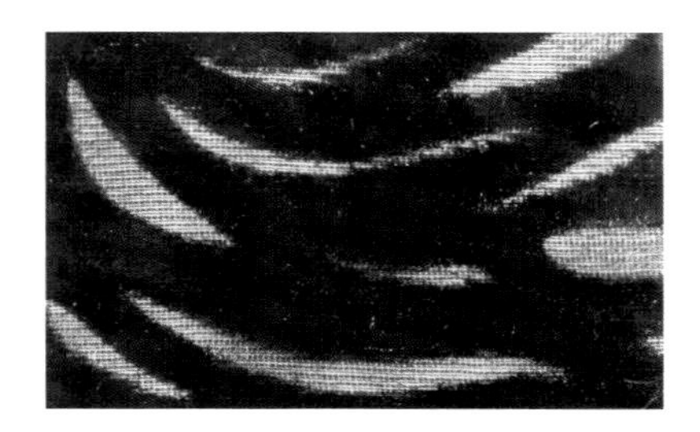

图4-38　烂花乔其绒

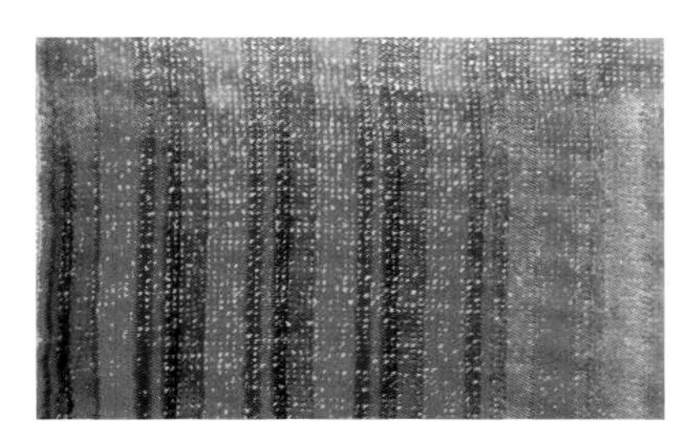

图4-39　金丝绒

图4-40　香云纱

图4-41　杭罗

图4-42　文尚葛

图4-43　四维呢

（1）斜纹绸：是采用桑蚕丝以$\frac{2}{2}$斜纹组织织成的绫类丝织物，也称桑丝绫。质地柔糯滑爽、光泽柔和、色彩丰富、轻薄飘逸。多用来制作衬衫、连衣裙、睡衣及方巾、长巾等（图4-44）。

（2）美丽绸：又称美丽绫，是纯黏胶丝以$\frac{3}{1}$斜纹组织织成的绫类丝织物。绸面光亮平滑、纹路清晰、反面暗淡无光。适用于中高档服装的里料。

（3）羽纱：是采用黏胶丝或与棉纱交织的绫类丝型织物。较美丽绸稀松，不如其平滑光亮，适用于中、低档服装的里料。

（4）采芝绫：是采用桑蚕丝与黏胶丝交织以$\frac{1}{3}$破斜纹为地组织提经面缎花的提花丝型织物。质地稍厚，地纹星点隐约可见，绫面提小花。适用于春秋装、冬季棉衣及儿童斗篷等。

（八）平整效应

1. 纺类

纺类是一般采用不加捻桑蚕丝、

化纤丝为经纬纱，或以绢丝、人造棉为纬纱以平纹组织制的表面平整、质地较轻薄的花色、素色丝织物。适用于礼服、连衣裙、衬衫、披纱、头巾、裤子、西装及里料等。主要品种有电力纺、洋纺、雪纺、杭纺、绢丝纺、富春纺。

（1）电力纺：是采用桑蚕丝织成的纺类丝织物。质地细密轻薄、柔软滑爽，比绸类飘逸，光泽肥亮。经砂洗后，手感柔糯，垂感增加，光泽柔和。重量在20g/m²以下的轻磅电力纺称为洋纺，呈半透明状，柔软飘逸，但在搓洗、拧绞时易变形。

（2）雪纺：名称来自法语chiffe的音译，意为轻薄透明的织物。经、纬密度相近，织物虽轻薄、透明，但仍有一定的刚度。

（3）杭纺：因产于杭州而得名，是采用桑蚕丝的纺类丝织物。绸面光滑平整，颗粒清晰，质地厚实坚牢，手感滑爽挺括，有弹性，色光柔和。经砂洗后，手感丰满柔糯。

（4）绢丝纺：是以绢丝为原料织成的纺类丝织物。质地较厚实丰满、手感滑糯柔软、光泽柔和、触感宜人。经砂洗后，手感、光泽大为改善。

（5）富春纺：采用黏胶丝和人造棉交织的纺类丝型织物。绸面光洁、手感柔软滑爽，色泽鲜艳，穿着舒适，但湿强差、缩水大、易皱，须在制作前预缩。

2. 绢类

绢类是采用平纹组织或重平组织的色织或色织套染的花色、素色丝型织物。可采用桑蚕丝、人造丝纯织，亦可采用桑蚕丝与人造丝或合纤长丝交织，经纬纱一般不加捻。绸面细密挺爽、质地轻薄、光泽柔和，适用于外衣、礼服、羽绒服（羽绒被）毛毯镶边等。

塔夫绸是采用桑蚕丝的高紧度绢类丝织物。质地紧密、绸面细洁光滑、平挺美观、光泽柔和，但易折皱。

（九）粗犷风格

1. 绨类

绨类是采用长丝为经，棉纱或蜡纱为纬交织的平纹花色、素色丝型织物。质地粗厚紧密、织纹简洁清晰。有线绨、蜡纱绨之分。一般采用有光黏胶丝为经，与丝光棉纱为纬纱交织的称“线绨”，与棉蜡纱为纬纱交织的称“蜡纱绨”。适用于服装、被面及装饰用品（图4-45）。

2. 绸类

绸类是无其他13大类特征的花色、素色丝型织物的统称。采用桑蚕丝、黏胶长丝、合纤长丝，以平纹、变化或联合组织纯织或交织。质地较纺类粗厚，适用于衬衫、裙子、裤子、西装、礼服等。主要品种有绵绸、双宫绸、柞丝绸等。

（1）绵绸：是由桑䌷丝织成的平纹绸类丝织物。绸面散布有绵粒，不平滑光洁，质地厚实，手感柔糯，富有弹性，光泽较差，风格粗犷（图4-46）。

（2）双宫绸：是经纱采用桑蚕丝，纬纱采用桑蚕双宫丝的平纹绸类丝织物。由于经细纬粗，绸面纬向呈现均匀而不规则的粗节，质地紧密挺括，色光柔和，风格粗犷，国际上颇为流行。有素色、条格及闪色效果（图4-47）。

（3）柞丝绸：是采用柞蚕丝织成的平纹绸类丝织物。以本白色为主，呈天然的淡黄色，手感较桑丝绸粗糙，光泽、弹性稍差，绸身平挺，吸湿透气性好，易起水渍和变黄。

图4-44 斜纹绸

图4-45 线绨

图4-46 绵绸

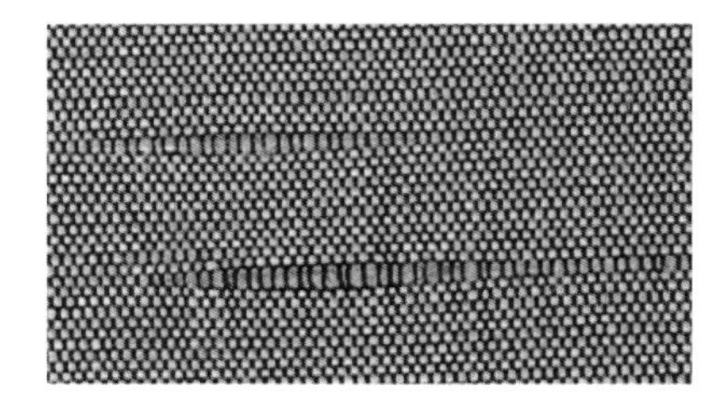

图4-47 双宫绸

第二节 针织面料典型品种的风格特征及应用

一、纬编针织物

（一）汗布

汗布是由纬平针组织织制的针织物，因其主要用于汗衫、背心等内衣而得名。织物纵横向具有较好的伸缩性，特别是横向，质地轻薄、细密光洁，手感柔软、纹路清晰。有棉、苎麻、黏胶、莫代尔、真丝、涤纶等纤维纯纺或混纺或包芯汗布，适用于汗衫、背心、T恤衫、文化衫、童装、居家服、睡衣裤等。

（二）罗纹布

罗纹布是由罗纹组织织制的针织物，横向伸缩性较好，适用于弹力背心、衣裤、毛衫及服装的领口、袖口、裤口、下摆、袜口等部位。

（三）棉毛布

棉毛布是由双罗纹组织织制的针织物，因其主要用于棉毛衫裤而得名。织物表面平整，尺寸稳定性较好，厚实保暖。适用于棉毛衫裤、儿童服装及外衣等。

（四）单面网眼织物

单面网眼织物是由单面集圈组织织制的针织物，织物表面呈现网眼的花色效应（图4-48）。手感柔软厚实，花纹清晰，横向伸缩性小，尺寸稳定，含有吸湿速干纤维的单面网眼布具有排汗导湿、易洗快干的特点，适用于T恤衫、运动服等。

（五）珠花绒织物

珠花绒是由平针衬垫组织织制的针织物，织物正面平整，反面呈浮线（图4-49）。质地厚实，保暖性好，尺寸稳定，适用于休闲装和T恤衫等。

（六）针织绒布

针织绒布是由添纱衬垫组织织制的针织物，通过拉毛衬垫纱而使织物一面或两面形成一层细密绒毛（图4-50）。织物表面平整，手感柔软、丰满厚实，保暖性好。

针织绒布有单面绒和双面绒。单面绒通常是在衬垫组织针织物的反面经拉毛整理而成，又可分为厚绒和薄

图4-48 单面网眼织物

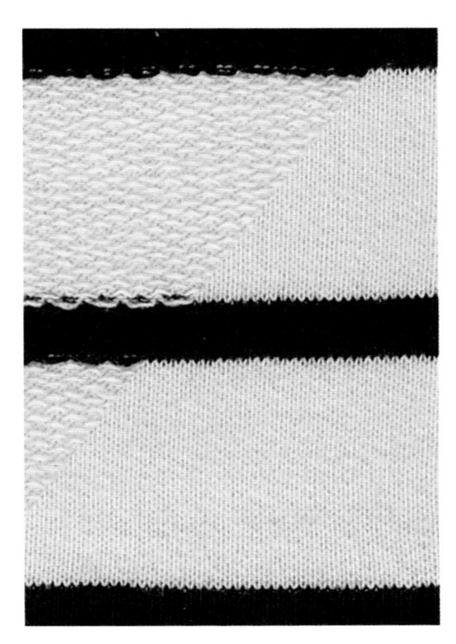

图4-49 珠花绒织物

绒。双面绒是在双面纬编针织物的两面拉毛整理而成。适用于保暖服装和运动衣等。

（七）毛巾布

毛巾布是由毛圈组织织制的针织物，织物的一面或两面有毛圈覆盖（图4-51）。织物柔软厚实，吸湿性、保暖性好，适用于儿童服装、睡衣、休闲服、浴衣、T恤衫、连衣裙、袜子、毛巾、毯子等。

（八）摇粒绒

摇粒绒是由毛圈组织织制，经割绒并经摇绒机摇粒而成的针织物（图4-52）。织物柔软厚实、保暖性好，克服了合成纤维起绒织物穿着和洗涤过程中易起球的现象，适用于秋冬季保暖服装、儿童服装、运动休闲装及服装里料等。

（九）天鹅绒

天鹅绒是由毛圈组织织制，或经剪绒和起绒而成的针织物。织物表面形成绒圈或绒毛的花色、素色丝绒织物，织物被紧密的绒毛或绒圈所覆盖（图4-53），具有一定的方向性，质地柔软厚实，绒毛丰满，色光柔和，保暖性好。适用于男女服装、高档的女士时装、节日服装、晚礼服及沙发、椅套等。

（十）夹层绗缝针织物

夹层绗缝针织物是在双面机上采用单面编织和双面编织相结合，在上、下针分别进行单面编织而形成的夹层中衬入不参加编织的纬纱，然后根据设计的花纹由双面编织成绗缝，以增加织物的外观美感（图4-54）。织物中间有大量的空气层，保暖性好，适用于保暖内衣，被称为“三层保暖内衣”，但由于不贴身、过于臃肿，内衣领域使用逐渐减少。

（十一）长毛绒

长毛绒织物是由长毛绒组织织制的纬编针织物，织物表面有较长的绒毛覆盖，可仿制各种天然毛皮，利用各种不同性质的纤维进行编织，根据所喂入的纤维长短、粗细不同，在织物中可形成类似于天然毛皮的刚毛、底毛和绒毛效果，被称为“人造毛皮”。通常在织物正面进行涂胶处理，以防止纤维脱落（图4-55）。

长毛绒织物手感柔软，保暖性和耐磨性好，比天然毛皮轻、不会被虫

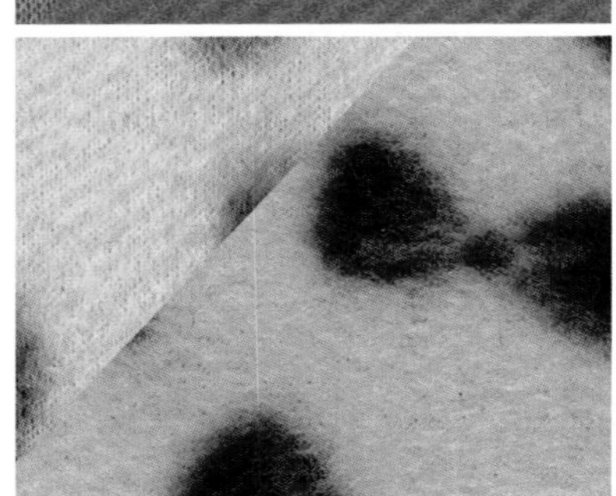

图4-50　针织绒布

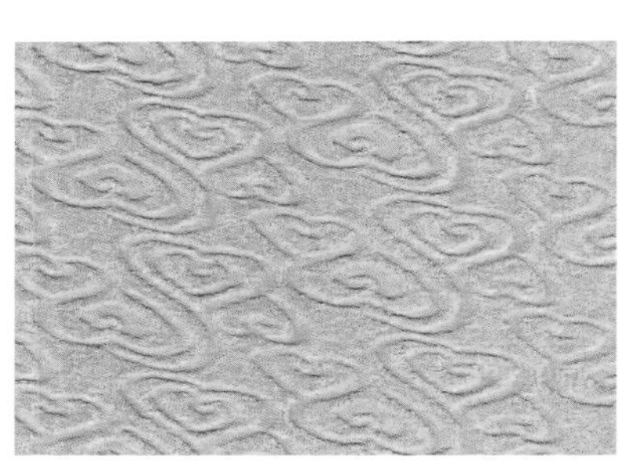

图4-51　毛巾布

图4-52　摇粒绒

图4-53　天鹅绒

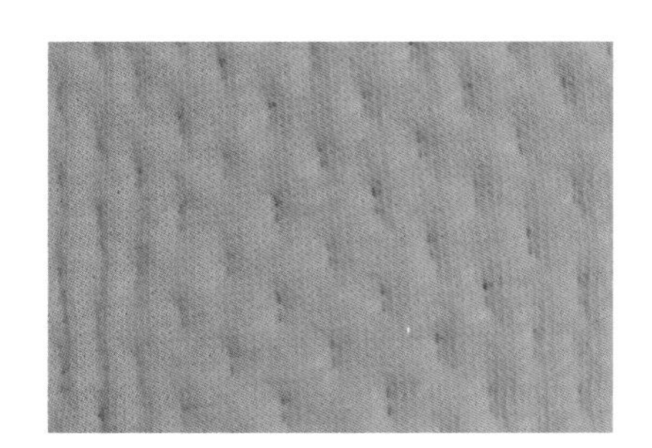

图4-54　夹层绗缝针织物

蛀、可水洗，易存放。涤纶、腈纶纤维长毛绒较多，适用于服装、拖鞋、装饰织物及毛绒玩具等。

二、经编针织物

（一）经编网眼针织物

经编网眼针织物是采用能够形成网眼效应的组织结构织制的具有一定规律网眼效果的经编针织物。孔眼形状有三角形、正方形、长方形、菱形、六角形、柱形等，网孔分布可呈直条、横条、方格、菱形、链形、波纹形等花纹效应（图4-56）。

经编网眼针织物结构较稀松、网眼分布均匀，有一定的伸缩性。可以采用合成纤维长丝、人造纤维长丝、天然纤维及其混纺纱，适用于内衣、外衣、运动衣、头巾、袜子、蚊帐、窗帘及鞋、背包的辅料等。

（二）经编花边针织物

经编花边针织物又称蕾丝，是在网眼组织的基础上提花形成花纹效果的经编针织物（图4-57）。

经编花边针织物有素色和彩色之分，花、地分明，装饰感强，适用于装饰性外衣，女性内衣裤、礼服、童装、外衣及窗帘、桌布等。

（三）经编弹力针织物

经编弹力针织物是具有较大伸缩性的经编针织物。多采用氨纶弹力纱或氨纶包芯纱，织物质地轻薄光滑，伸缩性好，使服装能显示出型体曲线并使身体舒展自如，适用于体操服、游泳衣、滑雪服、胸衣及其他紧身衣等。

（四）经编毛圈织物

经编毛圈织物是采用经编毛圈组织织制的具有毛圈效果的经编针织物，可分为经编单面毛圈织物和经编双面毛圈织物。

毛圈织物外观丰满，柔软厚实，具有良好的弹性、保暖性，毛圈结构稳定，不会产生抽丝现象。适用于儿童服装、内衣、睡衣裤、运动服、海滩服、毛巾、浴巾、床单、床罩及装饰织物等。

（五）经编起绒织物

经编起绒织物是经编毛圈织物经起绒整理制成的经编针织物，织物表面具有紧密绒毛，可分为单面起绒织物和双面起绒织物（图4-58）。织物布面平整、结构紧密、手感柔软、有一定的弹性和悬垂性，不脱散、不卷边。一般以合成纤维、再生纤维为主，也可进行印花、轧花处理，适用于男女风衣、上衣、礼服、运动服、鞋面、帷幕及装饰织物等。

图4-55 长毛绒

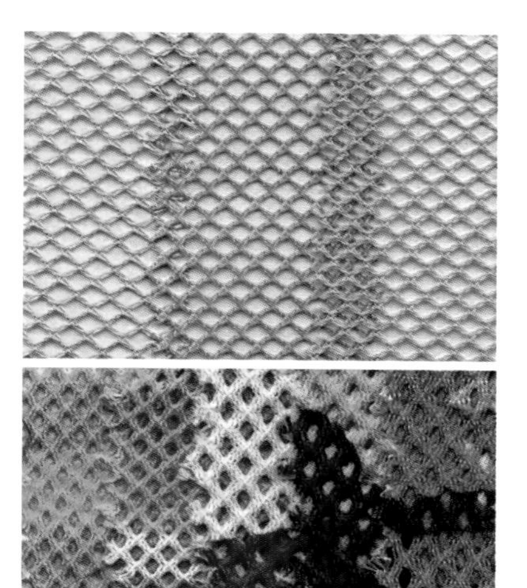

图4-56 经编网眼织物

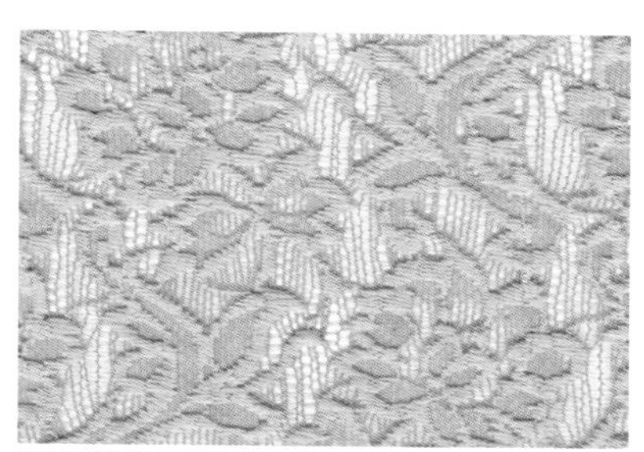

图4-57 蕾丝

图4-58 经编起绒织物

第三节 裘皮与皮革

裘皮是防寒服装理想的材料，轻便柔软保暖，坚实耐用，既可用做面料，又可充当里料与絮料。天然裘皮一直受到设计师与消费者的喜爱，其大部分来自专业养殖场的毛皮动物，少数来自野生毛皮动物，不涉及濒危物种，是绿色可持续的天然环保材料之一，用于制作服装、披肩、帽子、衣领、手套等。裘皮服装在外观上保留了动物毛皮的天然花纹，而且通过挖、补、镶、拼等工艺，可以形成绚丽多彩的花色。国际市场盛行的高级女式裘皮大衣，款式时尚，工艺精湛，外观绚丽，显示出裘皮服装的时装化、高档化和新潮化。裘皮服装已成为服饰的珍品。

不同的原料皮，经过不同的加工处理，可获得不同的外观风格。皮革的条块通过编结、镶拼以及同其他纺织材料组合，既可获得较高的原料利用率，又具有运用灵活、花色多变的特点，深受人们的喜爱。

为了扩大原料皮的来源，降低皮革制品的成本，国际时装业不断地开发人造毛皮和皮革新品种。仿真度高、服用性能优良、物美价廉、缝制与保管方便的裘皮与皮革代用品已大量进入服装市场，成为流行时尚的重要服饰材料。

一、天然裘皮与皮革

天然裘皮是由带有毛被的动物原料皮经鞣制、染整等加工而成，称为“裘皮”或“毛皮”。天然皮革是由动物毛皮经脱毛并经鞣制、染整等加工而成的光面或绒面皮板，称为“皮革”。

直接从动物身上剥下来的皮称为“生皮”，湿的时候容易腐烂，干燥后则干硬如甲，不防水、易发霉发臭。经鞣制等处理后，成为柔软坚韧、耐虫蛀、耐腐蚀的裘皮与皮革。

（一）天然裘皮与皮革的构造

毛皮是由毛被和皮板两部分组成。皮板是由最上层的表皮层、中间的真皮层和下层的皮下组织层组成，皮下组织层多在鞣制中被去掉，裘皮在鞣制中保留了毛被和表皮层。真皮层是皮板的主要部分，皮革就是由真皮层鞣制而成。真皮层由天然蛋白质纤维在三维空间紧密编织构成，又分为恒温层和网状层。恒温层表面由很细的纤维束组成，统称为粒面层，具有自然的粒纹和光泽，手感舒适。网状层越厚，皮革也就越坚韧耐用。皮下组织层多在鞣制中被去掉，裘皮在鞣制中保留了毛被和表皮层。

动物毛皮的毛被由针毛、粗毛和绒毛组成。针毛的数量少、较长、呈针状，艳丽而富有光泽，弹性较好。绒毛的数量较多，短而细密，呈浅色调的波卷。粗毛的数量和长度介于针毛和绒毛之间，其上半部像针毛，下半部像绒毛。针毛和粗毛起到体现毛被的毛色、光泽和花纹，并保护毛皮的作用，如防水和防磨。紧贴皮板的绒毛起到保暖的作用，绒毛的密度、厚度越大，毛皮的防寒性能越好。

裘皮价值取决于毛被的外观和质量，其坚牢度取决于毛在皮板中的固定程度。裘皮的皮板柔韧，毛被松散、光亮美观、保暖性好，适用于制作服装、披肩、帽子、衣领、手套等。

（二）天然裘皮的主要品种

天然裘皮主要来源于毛皮动物，服装行业通常根据毛的长短、粗细，皮板的厚薄及使用价值，将其分为以下几种。

1. 小毛细皮

毛短、细密柔软而富有光泽。一般用于长短大衣、皮帽等高档华贵的服装与服饰。

（1）紫貂皮：也称黑貂、林貂，是著名的“东北三宝”之一。体毛呈黑褐色，针毛内多夹杂有银白色针毛，针毛较软，毛绒细密柔软，底绒丰厚，色泽光润，外观华美，保暖性极强（图4-59）。

（2）黄鼠狼皮：毛为棕黄色，腹色稍浅，尾毛蓬松，针毛峰尖细柔，毛峰和绒毛形成明显的两层，毛绒丰满而有光泽，皮板坚韧厚实，防水耐磨。若染成貂色，可与貂皮相媲美。

（3）水獭皮：脊呈熟褐色，肋与腹色较强。针毛峰尖粗糙，缺乏光泽，没有明显的花纹和斑点，绒毛细软丰厚，绒毛直立挺拔，皮板坚韧。

（4）水貂皮：是貂的五大家族（紫貂、花貂、沙貂、太平貂、水貂）之一，脊部至尾基为黑褐色，尾尖呈黑色，是一种珍贵的细毛皮，成为国际裘皮市场上的三大支柱（波斯羔皮、银蓝狐皮、水貂皮）之一。针毛颜色比绒毛深，层次分明，底绒丰厚，轻柔结实，色泽光润，外观华美（图4-60）。

（5）旱獭皮：中脊呈褐色，毛色分三层：根黑，干灰，尖褐黄，腹侧毛略浅，毛足绒厚，皮板坚韧。

（6）麝鼠皮：也称为青根貂皮，针毛光亮，底绒丰厚，绒毛细柔，皮板结实，坚韧耐磨。

2. 大毛细皮

毛长、张幅大的高档毛皮。一般用于长短大衣、皮帽、披风、皮领和围巾等。

（1）狐狸皮：被毛颜色多因产地不同而各异，有红棕、深黄、淡黄等色。毛细，长绒厚，针毛带有较多色节或不同颜色，色泽光润，御寒性强，但耐磨性较差（图4-61）。

（2）貉子皮：又名狗獾，以东北产的貉子皮质量为最佳。脊部呈灰棕色，针毛峰尖粗糙、散乱，呈簇状，有黑色及深褐色，色杂暗淡，手感厚实光滑，绒毛细柔。

（3）猞猁：尾黑腹白，脊部铁灰夹杂有白色针毛。毛被华美，绒毛稠密，御寒性强（图4-62）。

3. 粗毛皮

毛长、张幅稍大的高档毛皮。用于长短大衣、帽子、坎肩、褥垫等。

（1）豹皮：品种较多，常用的有金钱豹毛皮，头大尾长，色泽棕黄，分布有大小不同的黑圈。北方的品种，皮大绒厚，环状黑斑花纹散乱不清，色泽暗淡，毛被峰尖，毛绒较粗；南方的品种，皮色鲜艳，斑点清晰华美，绒毛短平油亮，较为珍贵（图4-63）。

（2）狼皮：被毛颜色多因产地不同而各异，有棕黄、淡黄或灰白，毛长绒厚保暖，光泽好，皮板坚韧。

（3）狗皮：毛厚板韧，颜色多样。南方品种，毛绒平坦，黄色居多；北方品种，毛长绒足，峰毛尖长，皮板厚壮，杂色居多。

（4）羊皮：品种繁多，服装用羊皮主要有以下三类。

绵羊皮：被毛呈弯曲状，黄白色，皮板坚实柔软。

图4-59 紫貂皮

图4-60 水貂皮

图4-61 狐狸皮

图4-62 猞猁皮

图4-63 豹皮

绵羊皮经鞣制后多制成剪绒皮，染成各种颜色之后，颇似獭绒，多用于制作皮衣、皮帽、皮领等，或经鞣制后毛剪成寸长，将皮板磨光上色，用于制作板毛两穿的短大衣、皮夹克等。

山羊皮：被毛呈半弯半直，白色，皮板张幅大，柔软坚韧，针毛粗，绒毛丰厚。拔针后的绒皮则以制裘，未拔针的山羊皮一般用作衣领或衣里。小山羊皮也称猾子皮，毛被有美丽的花弯，皮质柔软。

羔皮：是绵羊羔的毛皮，是国际裘皮市场的三大支柱（水貂皮、波斯羔皮、银蓝狐皮）之一。其被毛花弯、绺絮多样。

4. 杂毛皮

皮质较差，产量较多的低档毛皮。一般用于衣、帽及童大衣等。

（1）猫皮：花色多样，具有由黑、黄、白、灰等多色组成的优美斑纹，针毛细腻润滑，毛色富有闪光，暗中透亮。

（2）兔皮：分为家兔皮和獭兔皮。

家兔皮：毛色以黑、白、青、灰为主，毛绒平顺、丰厚，色泽光润，皮板柔韧。安哥拉兔的毛被洁白，毛长蓬松且无针毛，是主要的产毛兔。

獭兔皮：没有针毛，绒毛稠密直立，与家兔毛相比不易掉毛。

（三）天然皮革的主要品种

天然皮革的原料品种较多，除家畜皮，还有海兽皮、鱼皮及爬行动物皮等。例如，牛皮、山羊皮、羔羊皮、绵羊皮、猪皮、麂皮、马皮、袋鼠皮、海猪皮、海豚皮、鲸鱼皮、鲨鱼皮、鳄鱼皮、珍珠鱼皮、蛇皮及鸵鸟等，牛、猪、羊、马、鹿皮是现代真皮服装的必需材料。

1. 根据皮革的外观与加工工艺分类

（1）光面皮革：也称全粒面皮，表面具有原皮天然的粒纹，从毛孔粗细和疏密度可分辨全粒面皮种类与品质。皮革正面粒纹好、无伤残的均可制成光面皮革，表面光洁，光泽较好，不易沾污，质感挺括、平整。

（2）绒面皮革：如果原料皮的正面伤残较多，质量不够好，可以加工成绒面皮。将正面的粒面层磨去，经起绒制成正绒面皮；如果动物皮正面有残疵，可制成反绒面皮。绒面皮手感柔软、温暖，无光亮，色彩柔和自然，穿着很舒适，但易吸尘、沾污，不易保养。

一般羊皮都是全粒面革。牛皮和猪皮基一般制成全粒面革，因其不易污染，革面光亮美观，使用价值和经济价值都比较高。

天然皮革又可分为头层皮与二层皮，头层皮和二层皮可通过观察其纵切面的纤维密度加以区分。

头层皮是由各种动物的原皮直接加工而成，或为提高皮料的利用率，可将皮层较厚的牛、猪、马、羊等的动物皮脱毛后剖成上下两层，制成头层皮与二层皮。

头层皮的纤维组织严密，质感自然舒适，质量好，具有良好的强度、弹性及韧性和工艺可塑性等，但价格较贵，保持原皮的粒面特征。

二层皮的纤维组织较疏松，表面经过喷涂化学材料或抛光，或覆上聚氯乙烯（PVC）、聚氨酯（PU）薄膜加工成光面皮或轧上花纹，防水性好；也可以加工成绒面皮。质地轻薄柔软，弹性较好，但强度低，耐磨性差。

2. 根据原料皮的品种分类

牛皮、羊皮和猪皮是制革所用原料的三大皮种。

（1）牛皮：可分为黄牛皮和水牛皮。服装用牛皮主要是黄牛皮。

黄牛皮的毛孔呈圆形，细密均匀，排列不规则。粒面较细致，厚薄均匀，手感厚实，革面丰满，富有弹性，耐磨耐折，吸湿透气性。粒面磨光后光亮度较高，绒面皮革的绒面细致，是优良的服装用皮革。

水牛皮较黄牛皮厚壮，粒面粗糙，革质松，毛孔粗大稀疏，不如黄牛皮美观耐用。可用作鞋底，但要与黄牛皮配合使用。磨面修饰可使革面较细致，可用于服装。

小牛皮是两至三岁小牛的皮，其毛孔细小而清晰，柔软、轻薄、细致，但价格较高，是牛皮中档次较高的优良服装用皮革。

（2）猪皮：毛孔圆而粗大且深，一般多以三点一小撮呈品字形排列，组织结构不够均匀，粒面凹凸不平较粗糙，部位差别较大。比牛皮柔软透气性好，较耐磨耐折，不易松面和起层等，但皮厚粗硬，弹性较差。可制成绒面革或涂饰成修饰革。

（3）羊皮：分为山羊皮和绵羊皮。山羊皮的毛孔呈扇圆形，几个毛孔一组似鱼鳞状，更细更密，粒面细致，轻薄柔韧，光泽较好，弹性较好且坚牢。绵羊皮皮薄，手感柔软滑润，透气性、延伸性大，但坚牢度不如山羊皮。适用于服装、鞋、帽、手套、背包以及小型皮件饰物等。

（4）麂皮：麂皮的毛孔粗大稠密，最显著特征是荔枝纹效应，粒面粗糙，皮面褶皱多，斑疤较多，不适于做正面革。其反绒面革是一种质量上乘的名贵皮革，皮质厚实，坚韧耐磨，绒面柔软细致，透气性和吸水性较好，自然的驼色有浅有深，色泽暗哑不失质感。

（5）蛇皮革：具有特殊的鳞状花纹和色素斑点，脊色深，腹色浅，粒面致密，柔软轻薄，弹性好，耐拉折，可用于服装的镶拼及箱包等辅件。

此外，经常用在服装服饰中有特殊钉状花纹粒面的鸵鸟皮，花纹独特的鱼皮革，纤维束排列整齐、局部呈打结现象及最为厚重的鳄鱼皮革等。

3. 根据皮革处理技术分类

近年来，高新皮革处理技术极大地丰富了传统而古老的皮革肌理效果，现今比较流行的各种皮革有以下几种。

（1）修面皮：将较差的头层皮坯表面进行抛光处理，磨去表面的疤痕和血筋痕，喷涂各种流行色皮浆，制成光面或轧成粒面效果的皮革。

（2）开边珠皮：也称贴膜皮革，是沿着脊梁抛成两半，并修去松皱的肚腩和四肢部分的头层皮或二层的开边牛皮，在其表面贴合各种净色、金属色、荧光珍珠色、幻彩双色或多色的PVC薄膜加工而成的皮革。

（3）轧花皮：一般选用修面皮或开边珠皮轧制成表面凹凸不平的花纹图案的皮革。如，仿鳄鱼皮纹、蜥蜴皮纹、鸵鸟皮纹、鹿皮纹、蟒蛇皮纹。

（4）印花或烙花皮：一般选用修面皮或开边珠皮印花或烫烙成色彩斑斓的花纹图案的皮等。

（5）水染皮：将牛、羊、猪、马、鹿等头层皮漂染成各种颜色，上鼓摔松并上光加工而成的软皮革。

（6）反绒皮：将皮坯表面打磨成绒状，再染成各种流行颜色的头层皮，也叫猄皮。

（7）磨砂皮：将皮革表面进行抛光处理，并将粒面疤痕或粗糙的纤维磨蚀，露出整齐均匀的皮革纤维组织，再染成各种流行颜色而具有自然古朴风格的皮革。

（8）漆皮：将二层皮坯喷涂各色化学原料后轧光加工而成的皮革。

（9）激光皮：用激光在皮革表面蚀刻花纹图案的皮革，也叫镭射皮革。

此外，还有立体生动的镂花皮；一面为光面，另一面为绒面，或者一面为单色、平滑，另一面为印花、轧花、磨毛等的双面皮革；一面为皮革，另一面为裘皮的革、裘双面皮。各种新型花色皮革的出现，给皮革服装带来了时尚与多变的风格，为服装、服饰带来了新鲜的活力。

二、人造裘皮与皮革

（一）人造裘皮

人造裘皮是仿天然裘皮织物的总称。由于野生动物濒临灭绝的危险，保护野生动物的意识增强，天然裘皮的资源越来越稀缺，价格不断上涨。为了满足时代发展和人们的需求，采用合成纤维为原料，以腈纶为主，经织造及后加工处理生产出近似天然裘皮的人造毛皮，是很好的天然裘皮代用品（图4-64）。

1. 人造裘皮的特点

人造裘皮轻柔保暖，蓬松而富有弹性，防霉防蛀，易于收藏，并可水洗，价格低廉，但防风性稍差，有的易掉毛或打结。

2. 人造裘皮的分类

（1）按加工方法分类：机织、针织和人造卷毛皮，其中纬编针织人造毛皮较普遍。

（2）按绒面外观分类：平剪绒类、长毛绒类及仿动物毛皮类。

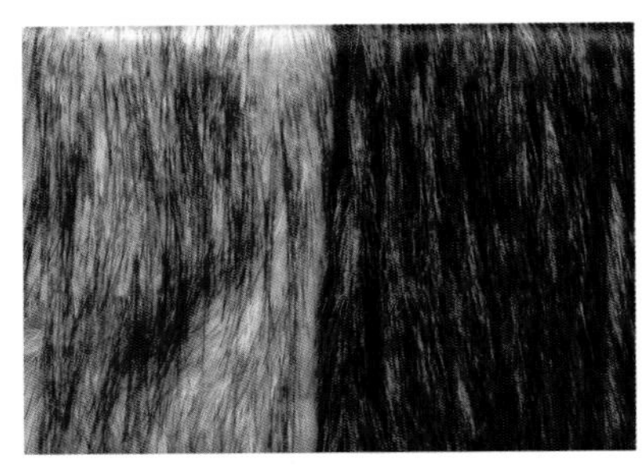
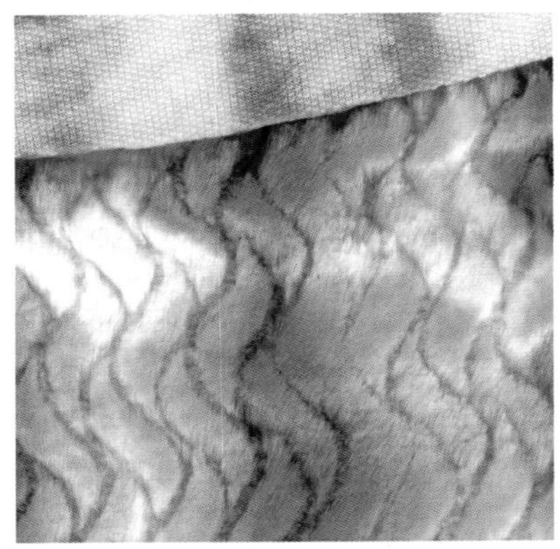

图4-64 人造裘皮

①平剪绒类：表面毛绒比较整齐。可用于服装面料、里料、衣领、帽子、装饰用品和玩具等。

②长毛绒类：表面毛绒长短不一。可用于服装面料、里料、装饰用品和玩具等。

③仿动物毛皮类：表面毛绒分两层，裘皮感强，可以假乱真，属高档人造毛皮。如仿紫貂、黄狼、草狐、豹皮、羔皮、水獭皮等。可用于妇女儿童的大衣、夹克、衣领、帽子、里料、玩具和装饰用品等。

（二）人造皮革

人造皮革是以织物为基布，涂敷PVC或PU膜而成。可根据不同强度和色彩、光泽、花纹图案等要求加工而成，具有近似天然皮革的外观，花色品种繁多，防水性能好、边幅整齐、利用率高和价格低廉。早期用聚氯乙烯涂于织物制成的人造皮革，服用性能较差。近年来开发的聚氨酯合成革，使人造皮革的质量有显著提高。特别是非织造布为底布，聚氨酯多孔材料为面层的仿天然皮革的结构及组成的合成革，具有良好的服用性能。下面分别介绍几种不同类型的人造皮革。

1. 人造革

人造革是用混有增塑剂的PVC涂敷在棉、麻和化学纤维等为原料的针织物或机织物的底布上制成的。为了使聚氯乙烯人造革的表面具有类似天然皮革的外观，可在革的表面轧上类似天然皮革的花纹和肌理。同天然皮革相比，人造革质轻、柔软，耐用性较好，强度与弹性好，耐污易洗，防水性能好，颜色鲜艳，不脱色，对穿用环境的适用性强，价格便宜。但透气透湿性能都不如天然皮革，而且在低温下容易发硬变脆，使制成的服装鞋靴舒适性差。为此，多在涂层时加入发泡剂，制成带微孔气泡的泡沫人造革，以改变人造革发硬变脆的缺点，并使其外观与手感都更接近天然皮革，但其透气性和透湿性仍然不好，多用来制作低档服装和鞋、帽等。

2. 合成革

合成革是以聚酯纤维的非织造织物为底布，由具有微孔结构的聚氨酯（PU）膜作面层制成的（图4-65）。手感和服用性能优于人造革，仿真效果好，可以与天然皮革相媲美。防水透气性好，柔软滑润，弹性好，耐磨性好，适用于中档大衣、夹克和鞋帽等。

3. 仿麂皮

由于天然麂皮的稀缺，采用表面磨毛或植绒等工艺加工而成具有麂皮外观和手感的仿麂皮，又称人造麂皮（图4-66）。仿麂皮绒毛丰满细腻，手感柔软滑润，拒水透湿性好，色泽鲜艳，结实耐用。适用于半身裙、连衣裙、夹克、风衣、鞋靴等。

三、再生皮革

再生皮革是将皮革的边角废料粉碎后，调配化工原料加工而成。其表面加工工艺同真皮的修面皮、压花

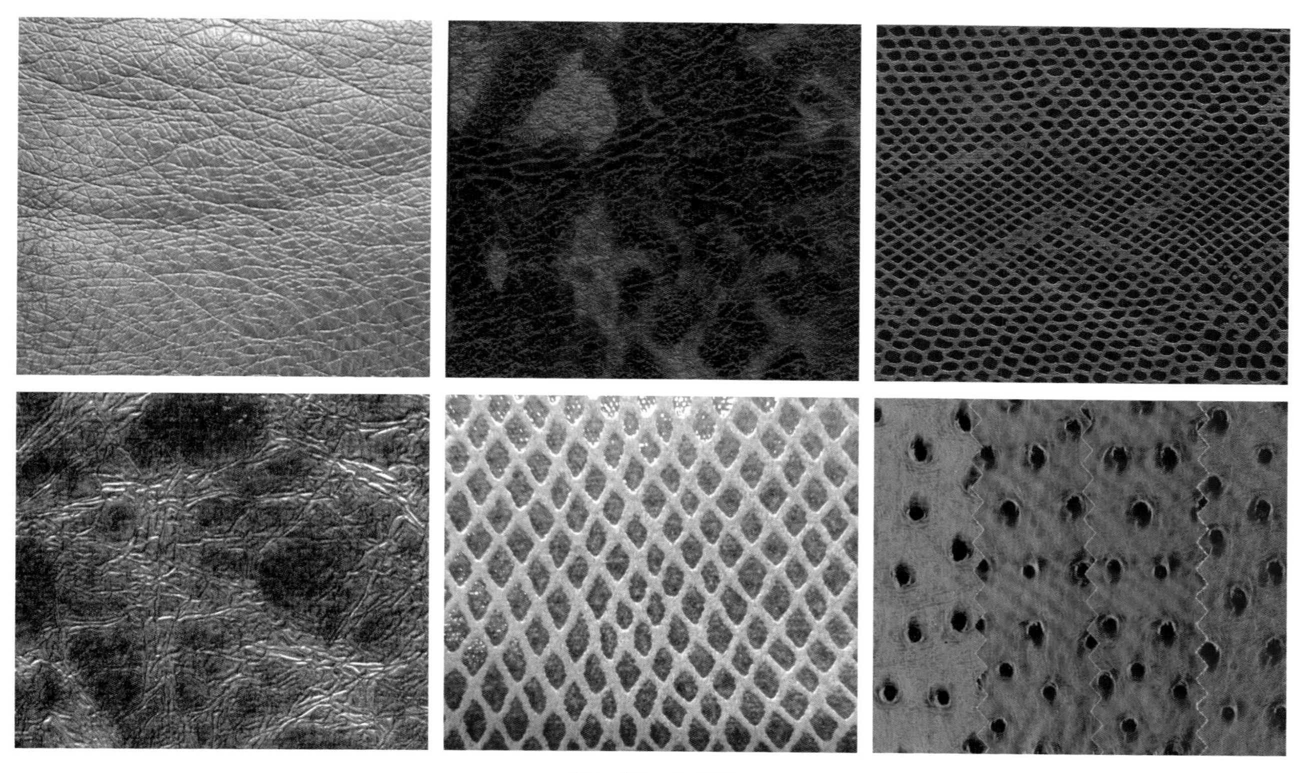

图4-65 合成革

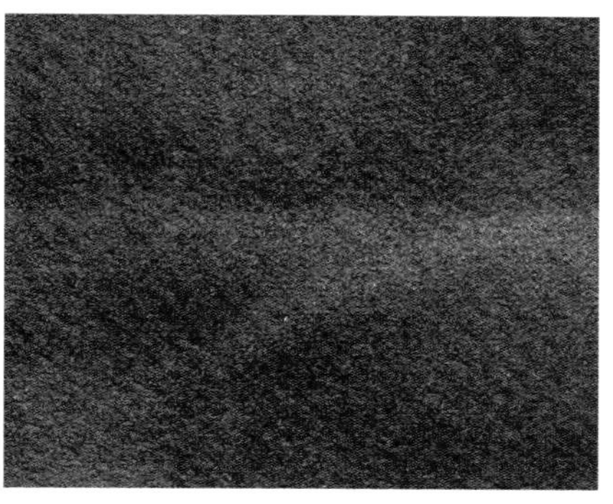

图4-66 仿麂皮

皮，皮革表面虽有花纹但没有毛孔眼而不是天然皮革，皮革反面没有底布而不是人造皮革，断面与反面有似天然皮革的绒毛纤维束。皮张边缘较整齐，利用率高，价格相对低廉，但皮身一般较厚，虽有一定强力，但性能不如天然皮革，弹性、柔软性较差，再生皮革经数十次曲折后，可见死皱、涂饰掉色及裂痕等。适于腰带及公文箱、拉杆袋等定型产品。

四、天然裘革与人造裘革的辨别

（一）天然与人造裘皮的辨别

（1）通过观察毛皮的底部辨别：天然毛皮的底部是皮板，人造毛皮的底部是织物。

（2）通过观察毛根和毛尖辨别：人造毛皮的毛根和毛尖粗细相同，而天然毛皮的毛根粗于毛尖。

（3）通过手感辨别：人造毛皮轻于天然毛皮，天然毛皮比人造毛皮的手感活络、弹性足。

（4）通过燃烧鉴别：天然毛皮具有天然蛋白质的烧毛发的气味及其燃烧特征，而人造毛皮具有化学纤维的燃烧气味及其燃烧特征。

（二）天然与人造皮革的辨别

（1）通过观察外观：天然皮革表面光泽自然柔和，有特殊的粒面花纹，毛孔眼深且不均匀，用手按或捏时，革面活络、弹性好、有细密皱纹，无死褶和裂痕。人造革和合成革虽然仿真程度很高，但花纹均匀一致，有的表面光亮无花纹，更易识别，光泽较亮、不自然，颜色鲜艳，用手按或捏时，革面发涩、死板、柔软性差、没有皱纹。

（2）通过反面观察断面：天然皮革的断面呈不规则的纤维状，反面可见皮板。人造皮革的断面可见底布的纤维及表面的树脂，反面可见底布。

从出售的商品上看，天然皮革会有意留出断面，以便让消费者观察，而人造皮革往往把断面涂敷或包严。

（3）通过吸水性辨别：用滴水试验来检验，天然皮革吸水性良好，而人造皮革较差。在天然皮革上滴一点水，用布把水渍擦干，该处颜色变深，而人造皮革几乎无变化。

（4）通过气味辨别：天然皮革具有动物毛皮的臭味，而人造皮革常有一种化学气味。

（5）通过燃烧法鉴别：天然皮革燃烧具有烧毛发的气味，灰烬松脆；而人造皮革燃烧具有特殊的化学气味，灰烬坚硬。

对于仿真程度很高的裘革材料还需要采用化学方法或仪器来进一步准确地辨别。

习题与思考题

1. 人造棉与纯棉平布在外观、手感、性能上有何不同?
2. 花贡缎、泡泡纱、绒布及灯芯绒的风格特征、主要特性及用途？在穿着、使用中和服装制作过程中，应注意哪些问题?
3. 区分比较：哔叽、华达呢和卡其；凡立丁与派力司；软缎与绉缎；平布、细纺、府绸；绒布、灯芯绒、平绒；巴厘纱、麻纱；啥味呢、哔叽；贡呢、缎背华达呢；法兰绒、啥味呢；软缎、绉缎；织锦缎、古香缎。
4. 罗纹针织物与双罗纹针织物在结构、性能及用途上有何不同?
5. 认识并收集常用品种的纬编和经编针织物，并分析其主要特性及用途。
6. 天然裘皮是如何分类的？各类的主要代表品种有哪些?
7. 天然皮革有哪些种类？常用服装皮革有哪些品种？各自有何特点?
8. 人造皮革有哪些品种？各自的性能如何?
9. 人造毛皮与天然毛皮相比有哪些特性?
10. 掌握天然裘革与人造裘革的鉴别方法。

CHAPTER 5

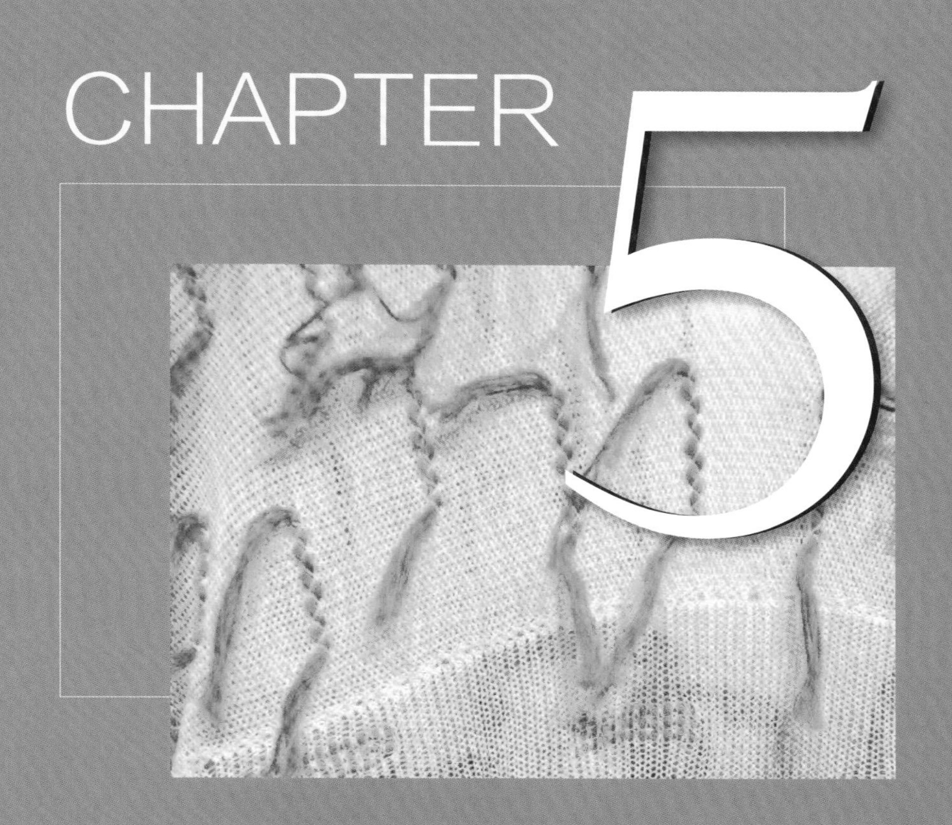

第五章

服装辅料

第一节 里料

里料是服装的里子，一般用于中高档服装、带有填充料的服装和需要挺括支撑的服装。

一、里料的作用

（一）衬托作用

里料可使服装具有挺括感和整体感，特别是面料较轻薄柔软的服装，可通过里料来达到挺括、丰满、平整的效果，因此里料具有一定的衬托作用。

（二）装饰遮掩作用

里料可以遮盖不需外露的缝头、毛边、衬料等，使服装整体更加美观。对于薄透的面料，里子的遮掩作用十分必要。

（三）顺滑作用

里料大多采用光滑型织物，可起到穿脱顺滑、方便的作用，人体活动轻松自如，特别是较为粗涩的面料。

（四）保护作用

里料可减少汗液对面料的沾污，特别是不可水洗或不宜频繁洗涤的服装；可减轻人体对面料反面的摩擦，因此，里料具有一定的保护作用。

（五）保暖和防风作用

里料可增加服装的厚度，特别是比较轻薄稀疏的面料。

二、里料的主要品种及特性

（一）棉织物里料

主要有平布、绒布、府绸等，适用于棉织物面料的休闲装、夹克衫、棉服、童装等。吸湿保暖性好，结实耐磨，价格低，但缩水率大，色牢度差，不够光滑，易皱。

（二）真丝织物里料

主要有电力纺、塔夫绸、绢丝纺、软缎等，适用于丝绸或夏季轻薄毛织物服装，裘皮和皮革等高档服装。吸湿透气，柔软光滑，悬垂性好，但耐用性差，缩水率大，价格高。

（三）人造纤维织物里料

主要有美丽绸、人造棉、羽纱、醋酸绸、铜氨绸。人造棉是黏胶短纤维里料，柔滑、价格低，适用于中低档服装。美丽绸是黏胶长丝里料，光滑、悬垂性好，适用于中高档服装。羽纱是黏胶长丝与棉纱的交织物，光滑度和悬垂性不及美丽绸，适用于中低档服装。黏胶纤维织物吸湿性好，手感柔软，平整光滑，但容易折皱，缩水率较大，需预缩，湿强度下降较大，不耐水洗；醋酸绸是醋酯长丝里料，近年成为中高档服装常用的里料，有多种组织结构和厚薄的品种，适用于不同类型和质地的面料。手感、光泽、质地与蚕丝相似，缩水率小，比黏胶里料性能更好；铜氨绸是铜氨长丝里料，有多种组织结构和厚薄的品种，适用于皮草、稀有动物纤维面料和其他高档服装。吸湿性、透气性很好，质地柔软，光泽柔和，外观近似真丝，缩水率低，不褪色。

（四）合纤长丝织物里料

主要有尼龙绸、锦纶塔夫绸、涤纶塔夫绸、涤丝绸等。其质地轻盈平滑、坚牢耐磨、不缩水、不褪色、价格便宜，但吸湿性差，闷热，静电大，耐热耐晒性差。可用于夹克、风衣、滑雪衫及羽绒服等。

三、里料的选配原则

（一）与面料的厚薄质地、色彩相匹配

里料与面料的厚薄质地相匹配，颜色一般尽可能相同或相近，使服装具有整体统一的效果，特殊情况可用对比色或非同类色，形成对比和衬托。

（二）与面料的性能相匹配

里料与面料的性能相匹配，关系到服装穿着的舒适性与外观保持性。面料与里料的缩水率尽可能相当，否则洗涤后会影响服装的外观；耐热性要接近，便于掌握适当的水洗温度和熨烫温度，否则无法使面料和里料都获得满意效果；吸湿性要相当，春夏季服装的面料吸湿透湿性要好，里料应选择醋酸绸、铜氨绸及真丝绸等；秋冬季服装要求防风保暖，应采用紧密、中厚质地的里料，如美丽绸、羽纱及塔夫绸等。

（三）与面料的价值相匹配

里料的使用价值和经济价值应与面料相匹配，在满足穿着的基础上，价格一般不超过面料的价格，坚牢度应与面料相差不多。

（四）具备方便、实用性

里料应滑爽、耐磨，穿脱方便，能保护面料，并根据季节的需要具备吸湿、保暖及防风等性能。

第二节 衬垫料

衬料是指在服装的某些部位，位于面料与里料之间起衬托、支撑作用的材料。垫料是为使服装穿着合体、挺括、美观，强调服装的线条和立体造型效果而采用的垫物。

一、衬垫料的作用

（一）使服装获得理想的造型

衬垫料是服装的骨架，起到衬托、支撑及造型的作用，以达到理想的造型效果，特别是对薄型面料服装。对于需要竖起的立领，可用衬来达到竖立而平挺的作用；西装的胸衬可令胸部更加饱满；肩垫会使服装造型更加立体，并使袖山更为饱满圆顺。

（二）可使服装定型和保形

衬料可以固定服装的造型，使服装受力易拉伸而变形的部位保持原有形状和尺寸。如袋口、门襟、领口等。

（三）可修饰人体的缺陷，达到最佳穿着效果

衬垫料可以修饰人体体型的缺陷和不足，如溜肩者使用肩垫，可使肩部抬高，达到最佳穿着效果。

（四）提高服装的耐穿性和保暖性

衬垫料可以使面料不致被过度拉伸和磨损，使服装更为耐穿，由于厚度的增加而提高服装的保暖性。

（五）改善服装的加工性

衬垫料可改善薄而柔软的丝绸和薄型针织物等在缝纫过程中的可握持性。

二、衬料的主要品种及特性

按衬料的使用方式可分为非热熔黏合衬和热熔黏合衬。

按衬料的原料种类可分为：棉衬、麻衬、毛衬、化学衬（化学硬领衬、树脂衬、热熔衬）、纸衬等。

（一）棉布衬

常用的棉布衬有粗平布和细平布。表面平整，手感柔软，属于低档衬布。适用于一般面料的各类传统加工方法的服装，尤其是挂面、腰衬等。

（二）麻衬

常用的麻衬有纯麻、麻混纺平纹布和涂树脂胶的纯棉粗平纹布。麻纤维弹性和硬挺度较好，能满足服装造型和抗皱要求，是高档服装用衬。在市场上销售的大多数麻衬，也称法西衬，实际是指经树脂处理的纯棉粗平布仿麻衬，手感挺爽、柔韧、富有弹性，适用于西服和大衣等。

（三）毛衬

1. 马尾衬

普通马尾衬是以马尾鬃为纬纱，毛纱或棉纱、棉混纺纱为经纱，采用手工织制的平纹织物。幅宽很窄，价格较高，挺括度高，弹性好，适用于高档中厚型西服、大衣。

包芯马尾衬是以马尾包芯纱为纬纱织制的平纹织物，适用于高档服装。

仿马尾衬是以刚度大、弹性好的粗涤纶长丝包芯纱织制的平纹织物，适用于中高档服装。

2. 黑炭衬

黑炭衬：是以毛纤维（牦牛毛、山羊毛、人发等）纯纺或混纺纱为纬

纱，棉或棉混纺纱为经纱交织而成的平纹织物，由于牦牛毛和人发等为黑褐色，故有“黑炭”之称。弹性、硬挺度、造型性能好，适用于高档服装，如中厚型面料服装的胸衬、西服的驳头衬。

（四）纸衬

纸衬有麻纸衬等，质感柔韧。目前已逐渐被非织造衬所取代，但仍用在轻薄和尺寸不稳定的针织面料的绣花部位。

（五）化学衬

1. 树脂衬

树脂衬是用棉、化学纤维纯纺或混纺机织或针织物，经树脂整理加工而成的衬布。多用于衬衣的领衬，目前多被黏合衬所取代。

2. 薄膜衬

薄膜衬是用棉、化学纤维纯纺或混纺的机织或针织物与聚乙烯薄膜复合而成的衬布，弹性好、硬挺度高，耐水洗，多用于硬领的领角。

3. 热熔黏合衬

将热熔胶涂于底布（基布）上制成的衬，在一定的温度、压力和时间条件下，使黏合衬与面料（或里料）黏合，使服装挺括、美观而富有弹性。

黏合衬的使用，使服装的缝制加工工艺发生了变革，简化工艺流程，提高工效，适用于工业化生产，改善服装的外观和服用性能，并成为现代服装生产的主要用衬。

（1）按黏合衬底布种类可分为：机织黏合衬、针织黏合衬及非织造黏合衬等。

①机织黏合衬：采用纯棉、涤棉等的平纹机织物为基布的热熔黏合衬，稳定性和抗皱性较好，价格较高，多用于中高档服装。

②针织黏合衬：分为经编衬和纬编衬。经编衬大多采用涤纶或锦纶长丝经编针织物和以纯棉或黏胶纤维为衬纬纱的衬纬经编针织物涂热熔胶而制成，其性能类似机织黏合衬，有较好的弹性和尺寸稳定性，多用于针织和弹力服装。纬编衬采用锦纶长丝纬编针织物涂热熔胶而制成，弹性好，多用于衬衫、夏季套裙等薄型女装。

③非织造黏合衬：也称无纺衬。是以涤纶、锦纶、丙纶、黏胶等非织造织物涂热熔胶而制成，重量轻，不缩水，不脱散，使用方便，价格便宜，保型性良好，但强度较机织和针织类黏合衬要低。

（2）按黏合衬热熔胶种类可分为：聚酰胺热熔胶黏合衬、聚乙烯热熔胶黏合衬、聚酯热熔胶黏合衬和乙烯–醋酸乙烯酯热熔胶黏合衬等。

涂于底布上的热熔胶种类和性能不同，黏合衬的工艺条件、服用性能及使用对象等也不同。不同热熔胶黏合衬的性能及应用如表5–1所示。

表5–1 不同热熔胶黏合衬的性能及应用

		聚酰胺（PA）		聚乙烯（PE）		聚酯（PES）	乙烯–醋酸乙烯酯（EVA）	
		高熔点	低熔点	高密度	低密度		低熔点	改性（EVAL）
手感		√						
黏合强力		√		√	√	涤纶√		
黏合温度压力		130～160℃	80～95℃	150～170℃ 较大	130～160℃	140～160℃	熨斗	
耐洗	水洗	＜40℃		√√	××	√	××	提高
	干洗	√		略差	××	√	××	提高
适用		较广泛，常用于需干洗的外衣，也可用于水洗的服装	裘皮	男衬衫	暂时性黏合衬	涤纶仿丝及仿毛面料	裘皮 暂时性黏合衬	扩大

注 √表示较好，√√表示很好，×表示较差，××表示很差。

三、垫料的种类

垫料是为使服装穿着合体、挺括、美观，强调服装的线条和立体效果而采用的垫物。主要分为肩垫、胸垫、领垫等。

（一）肩垫

也称垫肩，它能使肩部加高加厚，使穿着挺括、平整、美观。肩垫的形状也受服装潮流的影响。一般来说，肩垫大致可分为三类。

（1）针刺肩垫：以棉、腈纶或涤纶为原料，采用针刺的方法制成的肩垫。也有中间夹黑炭衬，再用针刺方法制成复合的肩垫。这种肩垫弹性和保型性更好，多用于西服、军服、大衣等。

（2）热定型肩垫：用涤纶喷胶棉、海绵、乙烯－醋酸乙烯酯共聚物（EVA）粉末等材料，利用模具通过加热使之复合定型制成的肩垫。其富有弹性并易于造型，具有较好的耐洗性能，品种丰富，多用于风衣、夹克、女套装和羊毛衫等。

（3）海绵及泡沫塑料肩垫：其可以通过切削或用模具注塑而成。可在海绵肩垫上包覆织物，其制作方便，价格便宜，弹性好。可用于一般的女装、女衬衫和羊毛衫。

（二）胸垫

也称胸绒、奶胸衬，能加厚胸部，使其丰满有型。胸垫分为胸衬垫与奶胸衬垫。高档服装的胸垫多用马尾衬加填充物做成。奶胸衬垫也有用泡沫塑料压制而成的。

（三）领垫

又称领底呢，由毛和黏胶纤维针刺成呢经定型整理而成。可使领子平挺，弹性增加，造型美观。主要用于高档西服、大衣、制服等。

四、衬垫料的选配原则

（一）与面料的性能相匹配

根据服装面料的质地、厚薄、颜色选配相应的衬垫料。大衣呢类的厚重面料选用厚型衬布，丝绸类薄型面料选用轻薄的丝质衬料；衬垫料的颜色应不深于面料。

衬料的吸湿透气性、缩水率、耐热性、耐牢性等应与面料和里料相匹配，以免由于缩水率不同而起皱不平，耐热性不好而受损；对有弹性的面料，应选用具有弹性的衬料，且弹性方向一致。

（二）与服装的洗涤方式相匹配

对需经常水洗的衬衫等服装，应选择耐水洗的衬料，对需干洗的毛织物服装，应选择耐干洗的衬料。

（三）与服装造型及设计相匹配

根据服装的不同类型选择相应的衬垫料，如西装、大衣与衬衫、裙子所用衬料不同；衬料的质感应与服装整体的风格造型相统一，衬料选用不当会影响服装的造型，如刚性挺拔的风格选用厚实硬挺的衬料，柔美飘逸的风格选用轻薄柔软的衬料，圆润的肩型应选用线条柔和的圆形肩垫，以体现服装的设计效果。

（四）与服装成本相匹配

服装材料的价格直接影响服装成本，因此，在达到服装质量要求的条件下，应选择价格低的衬料，但是，也应考虑综合经济效益。

（五）与制衣设备相匹配

黏合衬可简化、方便服装生产工艺，但没有黏合设备就无法选用黏合衬。

第三节 其他辅料

一、填料

填料是填充于服装面料与里料之间的材料，以赋予服装保暖、降温及其他特殊功能。

（一）填料的分类

（1）按原材料的不同可分为：纤维材料（如棉花、丝绵、动物绒、化纤絮填料等）、天然毛皮和羽绒、泡沫塑料、混合填料及特殊材料填料等。

（2）按材质形态的不同分为：絮类和材类填料。

絮类填料是指未经纺织加工的纺织纤维、羽绒等，呈松散絮状，无固定形状，装入包胆布中需封闭、绗缝。包括棉絮、丝绵、羽绒、骆驼绒及羊绒等。

材类填料是具有松散、均匀、固定形态的片状物，可与面料同时裁剪、制作，不需做包布，可随服装整体洗涤。包括天然毛皮、人造毛皮、驼绒、长毛绒、腈纶棉、涤纶棉、太空棉及泡沫塑料等。

（二）填料的品种

1. 絮类填料的主要品种

（1）棉花絮填料：棉花价廉、保暖舒适，但弹性差，受压后弹性和保暖性降低，水洗后难干且易变形，适用于婴幼儿、儿童服装及中低档服装。

（2）丝绵絮填料：用茧丝或剥取蚕茧表面乱丝加工而成的薄片绵张，是高档的御寒絮填料。丝绵质感轻软光滑，保暖性、弹性、透湿透气性好，拉力强。

（3）羽绒絮填料：羽绒的原材料主要是鸭绒，也有鹅、鸡、雁等毛绒。羽绒质轻，导热系数很小，蓬松性好，保暖性很好。但由于资源受限制，价格昂贵，适用于高档服装和时装。

（4）动物绒絮填料：羊毛和驼绒是高档的保暖填充料。其保暖性、弹性、透湿性、透气性好，但易毡结和虫蛀，可混以部分化纤以增加其耐用性和保管性。

2. 材类填料的主要品种

（1）化纤絮填料：化纤絮填料中保暖性能较好且应用较广的有“腈纶棉”和“中空棉”适用于滑雪衫、防寒服。化纤絮填料中还有一些为使服装达到某种特殊功能而采用的特殊絮填料。如远红外纤维复合絮片，能够发射特定波长的远红外线，与人体的吸收波长相匹配，从而最易被人体吸收，产生温热作用，并通过人体微循环达到保健、强体的功效。

化纤絮填料可独立裁剪，不易变形，成衣后挺括，轻便保暖，易洗快干，耐用易保管，品种丰富，价格较低，但大部分透湿透气性差。

（2）天然毛皮填料：由于天然毛皮的皮板密实挡风，而绒毛中又有大量的静止空气，普通的中低档毛皮仍是高档御寒服装的絮填料。

（3）泡沫塑料填料：由聚酯制成的泡沫塑料，外观似海绵，疏松多孔，柔软挺括，轻而保暖，易洗快干。裁剪加工简便，价格便宜。但不透气，舒适性和卫生性差，且易老化发脆，适用于垫类填料。

二、缝纫线及绣花线

缝纫线是用于缝纫机或手工缝合的线类材料，主要作用在于连接各个部件，缝合衣片，也具有一定的装饰性，是服装制作必不可少的材料。绣花线是刺绣专用线，以装饰美化为主。

（一）缝纫线的品种

1. 棉线

是以普通棉纱或精梳棉纱并捻而成的缝纫线，拉伸强力较大，不易变形，耐高温，适于高速缝纫和耐久压烫，但缩水较大，弹性及耐磨性较差。可缝制纯棉服装，也可作机缝地线。

棉线按加工工艺分为无光线、丝光线、腊光线。无光线不用于缝纫机，适宜手缝、线钉及包缝等；丝光线多为经丝光处理的精梳棉纱线，柔软细洁，表面有丝状光泽，明亮柔和，适用于中高档棉制品机缝；蜡光线为经上浆、打蜡的普梳棉纱线，光洁滑润，强度高，适于高速缝纫、高温整烫的制品，也适于皮革制品。

2. 丝线

由多根蚕丝并捻而成的缝纫线，光泽明亮柔和，色彩鲜艳，质地较软，牢度和耐磨性较好，但缩水率大，且不耐碱。细丝线适用于真丝绸缎等薄型面料，中粗线适用于高档毛织物、毛皮服装的缝制和锁扣眼及缉明线。丝线也作刺绣用线，色彩鲜艳悦目。

3. 涤纶线

涤纶短纤维或涤纶长丝制成的缝纫线，常用涤纶短纤维缝纫线。涤纶线强度和耐磨性好，弹性适度，缩水率低，色牢度和耐腐蚀性较好。涤纶线可缝性好，线迹平整，色谱齐全，价格较低，应用范围广。涤纶线主要缝制纯涤纶、涤棉、其他化纤服装及皮革制品、毛毯等。

4. 涤棉线

包括用65% 涤纶与35% 棉纺制的混纺线和60% ~67% 涤纶长丝为芯，33% ~40% 棉纤维外包的包芯线。耐热性优于涤纶线，是使用最广泛的一种缝纫线，适用于涤 / 棉织物、化纤及其混纺织物和部分天然纤维织物。

5. 锦纶线

以锦纶长丝制成的缝纫线，外观光滑、均匀，断裂强度高，耐磨性好，弹性大，但耐热性不好。一般用于缝制化纤和呢绒服装、羊毛衫、皮革制品等。弹力线用于缝制内衣、泳衣、紧身衣裤等。

6. 维纶线

以维纶丝为原料的缝纫线，耐磨性较好，化学稳定性很好，耐光耐霉变，适用于锁边、钉扣及拷边等。

7. 金银线（金银丝）

金银线是由涤纶薄膜经真空镀铝、上色、加树脂保护层而成，光泽明亮，色彩鲜艳，有金、银、红、绿、蓝等颜色，装饰感强。金银线易脆断，易氧化褪色，不抗揉搓，不耐水洗，不适合高速缝纫，多用于绣花和商标。

8. 特种缝纫线

弹力缝纫线：由涤纶或锦纶长丝变形纱制成，弹性回复率90% 以上，解决了弹性面料的弹性缝纫。

透明缝纫线：由锦纶或涤纶加入柔软剂和透明剂制成。适用于配线困难的面料及配色多样的服装。

（二）绣花线的品种

绣花线根据原料不同可分为以下几种。

1. 丝绣花线

用蚕丝或人造丝制成，光滑明亮，但强力差，不耐洗，不耐晒，适用于绣制丝织品。

2. 毛绣花线

用羊毛或毛混纺纱制成，质地柔软，立体感强，适用于绣制毛织物和毛衫，但光泽稍差。

3. 棉绣花线

由棉纱纤维纺制而成，色谱齐全，条干均匀，强度高，但缩水率较大。适用于棉布、真丝绸和人造纤维织物。

4. 腈纶绣花线

以腈纶纺制而成，质地轻柔，弹性好，缩水率小，色泽鲜艳丰富，绣品立体感强。适宜绣制针织、机织服装和装饰用品。

三、扣紧材料

扣紧材料是服装中起连接与开合作用的材料，并具有一定的装饰作用。

（一）纽扣

纽扣的种类及其特点：

（1）按纽扣结构的不同可分为：有眼纽扣、有脚纽扣及按扣。

有眼纽扣：在扣子中间有两或四个等距离的眼孔，有不同的材料、颜色和形状，适用于各类服装。

有脚纽扣：在扣子的背面有一凸出扣脚，脚上有孔，常以金属、塑料或面料包覆，适用于厚重类和起毛类面料的服装

按扣：分缝合按扣和用压扣机固定的非缝合按扣。一般由金属或合成材料（聚酯、塑料等）制成，固紧强度较高。适用于工作服、童装、运动服、休闲服、不易锁扣的皮革服装以及需要光滑、平整而隐蔽的扣紧处。

其他纽扣：用各类材料的绳、饰带或面料制带缠绕打结，制成扣与扣眼，如盘扣等，有很强的装饰效果，适用于民族服装。

（2）按所用材料的不同可分为：合成纽扣、金属纽扣、天然纽扣及衣料布纽扣。

合成纽扣：如树脂、ABS（丙烯腈、丁二烯、苯乙烯三元共聚物）注塑及电镀、胶木纽扣、电玉纽扣、珠光有机玻璃纽扣，尼龙、仿皮及其他塑料扣等。

金属纽扣：由金、银、铜、镍、钢、铝等制成，常用的是铜扣和电化铝扣，耐磨、耐用。更多的是各种塑料纽扣，外面镀有各种金属的电镀层，外观酷似金属纽扣，质轻美观。常用于牛仔服及有专门标志的服装。

天然纽扣：由贝壳、木材及毛竹、皮革、椰子壳和坚果、石头、陶瓷和宝石、骨质扣等天然材料制成，色泽、纹理、质感都充满自然气息，适用于男女服装、高档时装。

衣料布纽扣：用各种织物、皮革包覆缝制而成，如包扣、盘扣。可使服装高雅而协调，但表面易磨损，适用于女装和民族服装。

目前流行的纽扣风格别致，造型不局限于圆形、方形，而是追求新奇、独特。

（二）拉链

俗称拉锁，是服装常用的带状锁紧件。主要用于服装门襟、领口、裤门襟、裤口等处，也用于鞋、手提包、袋等，用以代替纽扣。使用拉链的服装可省去挂面和搭门，也免去开扣眼，可简化服装加工工艺，穿脱十分方便，还具有装饰性。

1. 拉链的结构式样

（1）闭尾拉链：一端或两端闭合，用于裤子、裙子、领口、包口等。

（2）开尾拉链：两端开口均不闭合，拉链头正反两用，适用于前襟全开服装和可装卸部位。

（3）隐形拉链：用尼龙丝或聚酯丝与拉链带组合而成，啮合封闭严密，啮合齿和拉链把柄不暴露在外，隐藏在内，不易察觉。隐形拉链细巧柔软且轻滑耐磨，特别适用于薄型面料的衬衫、内衣、旗袍、裙子等。

2. 拉链的种类

按照拉链链齿的材料可分为以下几种：

（1）金属拉链：链齿采用铝或铜制作而成，颜色受限，但很耐用。多用于较粗厚面料的夹克衫、工作服、制服、军服、牛仔服、皮革服装。

（2）塑料拉链：是用聚酯或聚酰胺注塑而成，手感较柔软，质地坚韧、轻巧且耐水洗，链齿不易脱落，颜色丰富，可用于中型、厚型面料的羽绒服、夹克衫、针织服装、运动服等。

（3）尼龙拉链：是将尼龙丝制成线圈状的链齿，手感柔软，轻便，且色彩丰富，但链齿易脱散。多用于软薄面料的夏季服装、贴身内衣、春秋外衣裤、童装等。

（三）钩

钩是安装在服装经常开闭处的一种连接物，由左右两件组成，如领钩、裤钩。

（四）环

环是起调节松紧作用的环状扣紧材料，主要用于裤、裙的腰部、夹克衫、工作服的下摆、袖口等处。常用的环有裤环、拉心扣、腰夹等。

其他扣紧材料还有松紧带、搭扣、罗纹带等。

四、其他辅料

（一）装饰材料

随着服装发展的需要，装饰辅料的作用越来越重要。花边、缎带、缀饰的巧妙运用使服装锦上添花，更具特色。装饰材料着重体现装饰效果，因此选配时一定要考虑与服装、色彩、面料的协调及装饰感的强弱，常用的装饰材料有以下几种。

1．花边

又称蕾丝，是用于装饰的具有花纹图案的带状物。常以蚕丝、人造丝、锦纶丝、涤纶丝、金银丝、棉纱等为原料，织制为机织花边、针织花边、编织花边和手工花边等，主要用于童装、内衣及装饰织物的嵌条和镶边。

2．绦

用丝线织成的装饰带类织物。有一边平齐，另一边呈波浪或流苏的花边，也有扁平的带子，适用于服装及装饰织物的边饰。

3．缎带

将黏胶人造丝采用缎纹组织织制的装饰带类织物，再染成各种颜色。平滑光亮，色泽鲜艳，柔软而直挺，适用于服装镶边、绲边、礼品包装、玩具及制作饰物。

4．缀饰材料

缀饰材料包括珠子、亮片、塑料片、动物毛羽等，用线缝合、镶嵌在服装不同部位上。珠子有金、银及其他颜色，大小不一。亮片为各色塑料薄片，轻巧漂亮。这些材料缀在服装上，特别是礼服和舞台服装，在光的照射下，闪闪发亮，富丽高雅，装饰感极强。

（二）其他辅料

在服装的构成中还会用到其他辅料材料。

1．带、绳类

包括绲边带、门襟带、纱带、线带、鞋带、彩条带、弹性带、弹性绳等。有的起束紧或加固作用，有的起装饰作用。

2．商标带和洗涤标志带

品牌商标、尺寸商标、洗涤商标是服装的重要标志，被称为服装的三标。

注有商标图案、文字的商标带是服装品牌、规格、质量的标志，有机织提花类和印刷类。洗涤标志带上印有洗涤、熨烫、晾晒、收藏的方法和注意事项，有的还注明面料和里料的原料成分。

3．标牌

标牌有金属、塑料、皮革等多种类型，上面刻有或印有文字、图案，镶嵌于服装的口袋、袖口部、胸前，起标识和装饰作用。

4．吊卡

吊卡多为纸质材料，以塑料钉或细线悬挂于服装上，印有货号、条形码、尺码、价码等内容。

5．包装材料

包装既有保护作用，又有美化和宣传作用，精美的包装会使服装的价格相应提高。包装材料要与服装的种类、档次相适应，适用于服装的包装材料有木箱、纸箱、纸盒、纸袋、尼龙袋、塑料袋、塑料盒。随着服装立体包装的普及，衣架、裤夹、西装袋、透明衣袋等也大量使用。

习题与思考题

1. 什么是服装的里料？举例说明其作用有哪些？如何选配里料？
2. 纯棉平布、真丝电力纺、美丽绸、醋酸绸、尼龙绸各有什么特点？各适用于哪些服装？
3. 什么是衬料和垫料？其作用有哪些？选配原则是什么？
4. 什么是黏合衬？黏合衬按基布可分为哪几种？其特点及用途有何不同？
5. 絮类填料和材类填料各有哪些主要品种？它们的特点和用途如何？
6. 了解和掌握其他辅料的种类、作用及选配原则。

CHAPTER 6

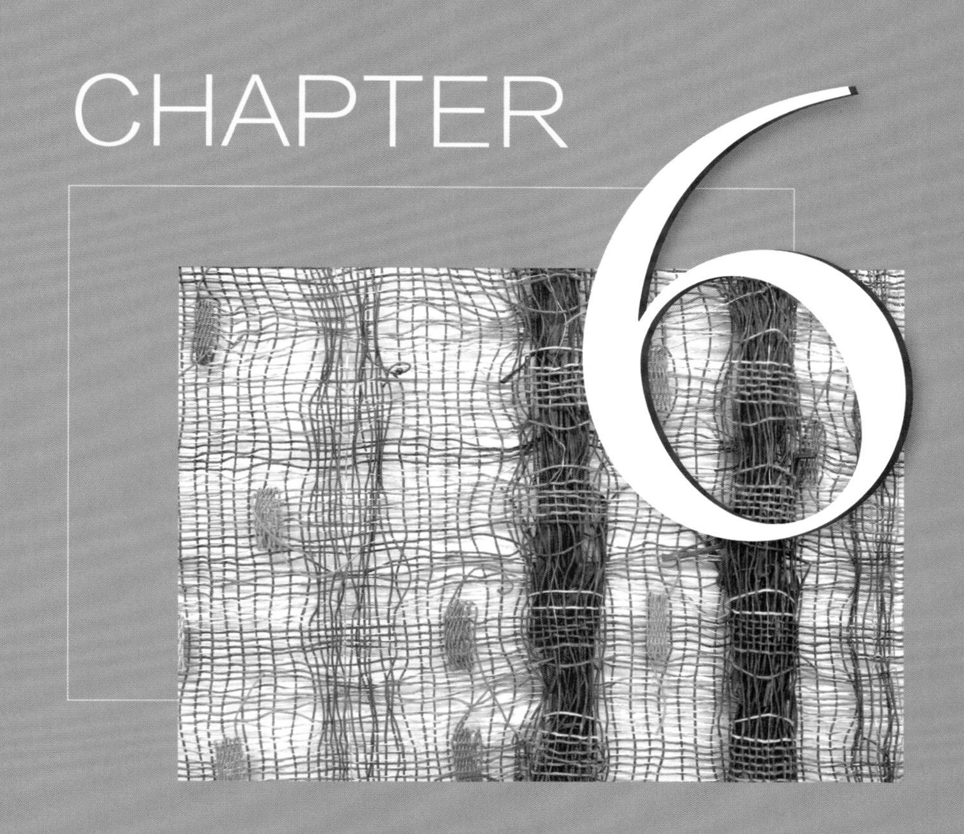

第六章

服装面料再造设计

第一节　服装面料再造设计的目的与类型

一、服装面料再造设计的目的

服装面料再造设计是以设计独特艺术魅力的面料为目标，运用染色、印花、刺绣、贴布、编织、绗缝、抽纱、镂空、轧褶、折叠、贴缀、镶嵌等工艺重塑面料的视觉、触觉肌理，赋予传统织物新的印象和内涵，满足个性化需求。同时激发设计师创意灵感和激情，赋予广阔的创造空间。

二、服装面料再造设计的类型

服装面料再造设计方法主要分为印染法、增加法、减少法、变形法、组合法等，多靠手工或半机械化工艺完成。

（一）服装面料再造的印染法设计

印染法设计主要有染色和印花。通常运用染色、印花、手绘等方法对面料进行表面图案设计，其中印花和手绘最为普遍，包括直接印花、防染印花、拔染印花、防印印花、转移印花、数码印花、泼染及手绘等，防染印花主要采用传统手工染缬，包括夹染、扎染、蜡染印花，创造区别于普通工业印染审美特征的服饰图案。

（二）服装面料再造的增加法设计

增加法设计是通过各种造型手法在面料上添加相同或不同的质料，达到肌理和形态的再造。增加法包括刺绣法、缝制法、装饰法、填充法等，有绣、贴、缝、粘、填、镶、嵌、饰等工艺手段，形成增型设计效果。

利用各种刺绣、车缝装饰线等可以改变面料视觉和触觉肌理效果；将珠子、亮片、烫钻、金箔、绳带、丝带、蕾丝、皮条、绒球、人造花、纽扣、拉链、羽毛、贝壳、植物的果实、金属铆钉等缝缀、钉缝、扎结、粘贴、热压在面料上，对面料进行创造性装饰，塑造新的体积和空间，产生新的视觉和触觉肌理效果；增加填充物，可以局部填充或整体填充，填充物的形状、材质不同所产生的肌理也不同，如将棉花、粮食谷物或纽扣等放在面料下层，再在面料正面进行系扎或缉线，改变面料的体积与外观。

（三）服装面料再造的减少法设计

减少法设计又称破坏性设计，经过抽、镂、剪、割、烧、烙、撕、磨、腐等加工手段除去面料的部分材料或破坏局部面料的原有表面形态，产生一种独特的残缺美。

用剪、烧、烙等镂空手段将面料局部除去，形成抽象或具象图形的镂孔、挖洞、挖花效果；用剪切、切割、撕扯、磨损等手段来改变面料面貌，形成剪破、割破、撕破、磨破等破损。通过撕扯可使面料边缘形成须状、随意的肌理效果。通过水洗、砂洗、石磨、磨毛、磨砂、漂染及利用试剂腐蚀等做旧手段使面料呈现磨旧、褪色等陈旧风格。

（四）服装面料再造的变形法设计

变形法设计一般不增加和减少面料，通过褶皱、折叠、造花等变形处理，塑造变化丰富的浮雕和立体效果。

（五）服装面料再造的组合法设计

组合法设计是将相同或不同的服装面料或材料通过拼接、钩织编、堆叠、吊挂等方法，使基础面料或材料发生从线到面、从面到立体的组合变化，具有很强的创意装饰性和立体感。

第二节 服装面料再造设计的方法

一、染缬

染缬，指利用颜料或染料在织物或服装上印染出纹样的印染工艺。随着时代的发展，传统的印染技术得到一定程度的创新和发展。按工艺形式的不同可分夹染、扎染、蜡染等。

（一）夹染

夹染，古代称为夹缬，与蜡缬、绞缬属于织物防染染色工艺。夹染是通过板子的紧压固定起到防染作用。夹染用的板子可分为凸雕花板、镂空花板和平板。凸雕和镂空花板夹染是以数块板将面料层层夹住，然后用绳子捆好，再把染料注入镂空的花纹里或将固定好的花版和织物投放进染液中染色，靠板上的花纹遮挡染液而呈现纹样，待染料晾干后去掉缬版，形成精细图案；平板夹染是将面料进行各种折叠，再用有形状的两板夹紧，进行局部或整体染色，形成接近扎染效果的抽象、朦胧的图案。

镂空型版印花是在印花时将缬版覆盖于织物之上，并在镂空处涂刷染料使染料漏印在织物上，最后除去缬版，花纹则呈现于织物上。镂空型版印花主要分为镂空型版白浆防染靛蓝印花、镂空型版白浆防染色浆印花和镂空型版色浆直接印花。

传统的镂空型版白浆防染靛蓝印花，俗称“药斑布”“蓝印花布”（图6-1），古代称为灰缬。方法是将刻好花纹的镂空花版铺在白布上，将石灰和黄豆粉调成糊状防染剂，用刮浆板刮入花纹镂空处，漏印在布面上，待浆料干透，浸染靛蓝数遍，晾干后除去防染浆层，即显现蓝白相间的花纹。多用大小、疏密不同的点组合成吉祥纹样，质朴又富装饰性。

镂空型版白浆防染色浆印花与前者不同的是，它的染色是以多套色为主，并且可以运用局部的刷染和浸染相结合来取得丰富的染色效果。

（二）扎染

扎染，古代称为扎缬、绞缬（图6-2），既不需要花版，也不需用笔描绘，是最简便和最易掌握的防染染色工艺，是在待染的织物上按预先设计的图案通过缝、扎、捆形成折叠挡压，在染色过程中起到防染作用，浸染后将线、绳拆去，就显出白色的斑点和花纹。由于扎结部分染液渗润不一，形成变化多端、虚幻朦胧、偶然天成的捆扎斑纹和斑斓的晕色效果。扎结效果很大程度上取决于扎结工艺，由于扎结方法、扎结材料、扎结松紧的不同，染色过程中染料对织物的浸透程度不同，会形成不同的染色效果。可通过缝、扎、捆、缠、结、夹等手法，即缝扎、撮扎、折叠、拧绞、打结、遮挡等达到防染目的。

缝扎是用针线沿纹样绗缝，将缝线扎牢抽紧；撮扎是在设计好的部位将面料撮起，用线扎结牢固；折叠是将面料进行多种折叠，再用线以不同技法扎结牢固；拧绞是将面料进行拧

图6-1 夹染

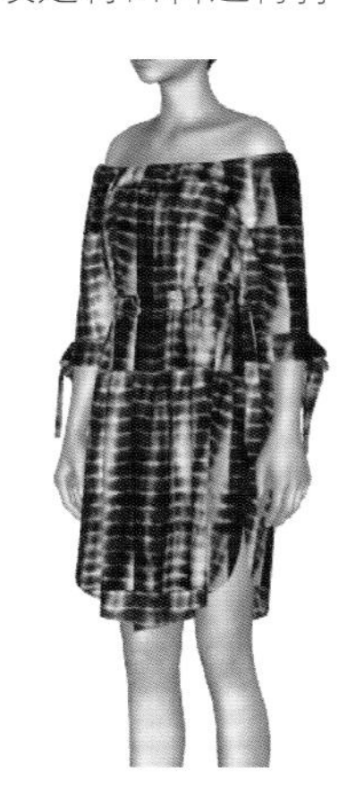

图6-2 扎染

绞，再用线以不同技法扎结牢固；遮挡是将面料用不同形状的物体遮挡，再用线、夹等技法扎结牢固。

扎染的染色方法包括单色染色法和复色染色法，单色染色是将扎结好的面料投入染液中一次染成。复色染色是将扎结好的面料投入染液中，经一次染色后取出，再根据设计需要反复扎结多次染色，色彩多变。

各种棉、毛、丝、麻以及化纤面料都可运用扎染实现艺术再造设计。

（三）蜡染

蜡染，古代称为蜡缬（图6-3）。因用蜡作为防染剂而得名。蜡染是用石蜡、蜂蜡、松香等作为防染材料，加热熔化后在织物需显花纹的部位进行涂绘，使蜡液渗透并凝固后浸染或刷染，最后在沸水或特定溶剂中除去蜡渍，漂洗即成。因涂蜡处染液难以上染，而使织物显出白色花纹，即为单色蜡染。如果用不同的染料浸染几次或采用刷染，还能得到多色的蜡染。一般漂白布、土布、麻布和绒布都可运用蜡染实现艺术再造设计。

在染色过程中，由于涂蜡部位会产生自然裂纹或有意折出的裂纹，染液渗入后会形成独特的"冰纹"，这是现代机械化印染所不能实现的。

蜡染的基本技法可分为描蜡、印蜡、泼蜡三种形式。描蜡是用笔或蜡刀蘸蜡直接在织物表面描绘作防染，是蜡染工艺中最古老的技法之一。印蜡是利用印模蘸蜡压印于织物上，较描蜡能提高制作效率，但艺术效果次之。泼蜡是直接将液体蜡泼洒在织物表面形成花纹，与中国画技法中的泼墨有类似之处，表现独特，图形抽象。不同施蜡技法的灵活运用，加之不同的工具和染色方法，遂可取得风格迥异的蜡染效果。

蜡染现在我国主要产区为西南少数民族地区，在国际上，如非洲、印度尼西亚、印度、日本和拉丁美洲的一些国家也流行。在民间蜡染工艺的基础上，又采用机械化大批生产，使蜡染艺术从民族服饰品逐步走向现代服装、装饰领域。由原单色或深浅两色，发展成如今极为绚丽的花色。

二、泼染及手绘

（一）泼染

泼染是近年较为流行的手工印染方法之一，是用酸性染料在丝绸上随意泼色或刷色，然后乘其未干时向画面上撒强碱弱酸盐，借助强碱弱酸盐的碱性与染料的酸性中和作用，形成自然流动的抽象纹样，具有自然的色晕和朦胧的美感。

（二）手绘

绘，古代称为"缋"，是直接用笔蘸取染液在织物或服装上描绘花纹的一种印染方法（图6-4）。在古代，手绘表现色彩丰富、图像复杂的纹样要容易得多，故成为人们最早采用的装饰方法。手绘用笔挥洒自由，不受花型及套色等工艺限制，方法简便，有着机器印染无可替代的优点。

棉、毛、丝、麻以及化纤面料表面都可运用手绘方法。手绘多用于丝绸面料，如真丝电力纺、双绉、素绉缎、斜纹绸、乔其纱、桑波缎等。因绘制的工艺不同，手绘可分为直接绘、防染绘、阻染绘和型染绘四种类型。每类均有相应的表现技法。直接绘所采用的色料有染料和涂料两类，染料经稀释后便可直接使用，在织物上作绘犹如在熟宣纸上作国画，需大胆落笔，一气呵成，适合于表现抽象、写意的纹样。涂料由于只能敷着于织物的表面，因此可在各类织物上直接作绘。其效果与作水粉画相似。

图6-3 蜡染

图6-4 手绘

通常采用纺织品涂料，也可用丙烯颜料调水，稠度则根据需要调配；防染绘是用防染剂在绷好的织物上，先作必要的造型，然后再敷色彩的一种手绘方法，可分为隔离胶防染绘和浆防染绘两种。隔离胶防染绘与中国画的工笔形式相似，多用于表现以线条为主的纹样及写实纹样，而浆防染绘适合表现粗犷和抽象的图形。

三、刺绣

刺绣，俗称“绣花”，是按照设计要求进行穿刺，通过运针绣线，对服装或纺织制品进行装饰、美化和再加工的一种工艺。它是中国传统的服饰工艺，以其富丽、多彩的特色和精湛的技艺闻名于世。到了明、清两代，最终形成了我国独具特色的四大名绣：苏绣、湘绣、粤绣和蜀绣。现代刺绣工艺已呈现百花争妍的繁茂景象。

按刺绣加工工艺可分为彩绣、包梗绣、雕绣、贴布绣、钉线绣、绚带绣、钉珠绣等。在加工方式上又可将其分为手工刺绣、缝纫机刺绣和电脑刺绣，目前多为电脑刺绣。

随着刺绣在材料、工具、加工技术方面不断丰富，新的绣种也层出不穷，不同的刺绣手法可产生风格各异的装饰特色，并且与各类新型面料的结合，可为服装带来无穷的创意效果。

（一）彩绣

彩绣泛指以各种彩色绣线绣制图案的刺绣技艺，又分平绣、条纹绣、点绣、编绣、网绣、十字绣等（图6-5）。具有绣面平伏、针法丰富、线迹精细、色彩鲜明的特点，在服装装饰上应用广泛。我国的四大名绣运针设色各有特点，其中不少针法可归于彩绣之列。彩绣的色彩变化十分丰富，它以线代笔，通过多种彩色绣线的重叠、并置、交错，产生华而不俗的色彩效果。尤其以套针针法来表现图案色彩的细微变化最有特色，色彩深浅融会，具有国画的渲染效果。这种绣法多用于民族服装。平绣是最具代表性的一种绣饰方法，通常局部运用在服装的领部、袖边、袋边、腰部、裙边、裤边等处，突出装饰效果；也可大面积运用在服装上，凸显图案。平绣在童装及女装的大衣、套装、裙、衬衫、睡衣等中较常见。

（二）包梗绣

包梗绣是先用较粗的线作芯或用棉花垫底，使花纹隆起，再用锁边绣或缠针将芯线缠绕包绣在里面的一种手工技艺。包梗绣花纹秀丽雅致，可以用来表现一种连续不间断的线性图案，富有立体感，装饰性强，因此有高绣、绳饰绣之称，在苏绣中则称凸绣（图6-6）。包梗绣适宜用来绣制块面较小的花纹与狭瓣花卉。

（三）雕绣

雕绣亦称“刁绣”，又称镂空绣，是在不同纺织制品上绣制各式图案，然后将图案的局部通过剪割产生镂空效果，并在剪出的孔洞里以不同方法绣出多种图案组合，使图案形成明暗对比，具有立体感、雕镂的艺术效果的精巧手工技艺（图6-7）。其绣面上既有洒脱大方的实地花，又有玲珑美观的镂空花，虚实相衬，具有神秘的韵味和较强的装饰效果。雕绣多用于女装的外套、内衣、衬衫和裙子。

（四）贴布绣

贴布绣亦称补花绣，是将补花布按图案剪成花样，贴在绣面上，也可在补花布与绣面之间衬垫棉花等物，再用各种针法锁边绣制，细密的针脚

图6-5 彩绣

图6-6 包梗绣

图6-7 雕绣

犹如一条装饰线条，在垫补好的图案上再刺绣，图案呈浮雕感（图6-8）。苏绣中的贴绫绣属于贴布绣。通过变换针脚、线的细度和颜色，可以达到更佳的艺术效果，补花布的色彩、质感肌理、装饰纹样尽量与面料形成对比，边缘可作切齐或拉毛处理。贴布绣绣法简单，图案以块面为主，风格别致大方，有一定的镶拼立体效果。配合彩绣和珠饰，更显富丽，常局部或大面积应用在裙、外套、裤和针织衫等时装及童装中，呈补丁效果。

（五）钉线绣

钉线绣亦称盘梗绣或贴线绣，是把各种绦子、丝带、线绳、斜布滚条等按图案钉绣在制品上（图6-9）。中国传统的盘金绣与钉线绣相似。钉线绣常采用与面料风格相异的材料以获得肌理和质感的对比。常用的钉线绣方法有明钉和暗钉，前者针迹暴露在线梗上，后者则隐藏于线梗中。贴线绣绣法简单，历史悠久，风格典雅大方，立体感强，常局部或大面积应用在裙装、外套和衬衫中。

（六）绚带绣

绚带绣亦称扁带绣、饰带绣，是以丝带作为绣线直接绣在制品上，光泽柔美，色彩丰富，花纹醒目而有立体感（图6-10）。由于丝带具有一定宽度，故一般绣在质地较松、织纹单一的纺织品及羊毛衫、毛线编织制品上，常用于女装的外套、礼服、婚纱。

（七）钉珠绣

钉珠绣亦称珠绣，是将空心珠子、珠管、人造宝石、闪光珠片等钉缝于制品上，产生、耀眼夺目的效果（图6-11）。一般应用于晚礼服、舞台服、高级时装以及服饰配件。

四、其他方法

（一）绗缝

绗缝是在两片织物间均匀填充絮填料后绗缝或有选择地在花纹部位缉线绗缝，产生浮雕感的纹理（图6-12）。适用于外套、睡衣和裤等。

（二）缀饰

缀饰是将各种形状和材质的珠子、亮片、烫钻、金箔、绳带、丝带、蕾丝、皮条、绒球、人造花、纽扣、拉链、羽毛、贝壳、植物果实、金属铆钉等通过缝缀、钉缝、扎结、粘贴、热压等方式装饰在面料上，起到画龙点睛、锦上添花的装饰效果（图6-13）。它可与其他如镂空、编织等手法配合使用，以获得更为独特的效果。适用于女装外套、衬衣、裙及一些少数民族服装服饰。

（三）镶嵌

镶嵌是形成中国传统服饰装饰风格的重要形式之一。镶，是指将布条、花边、绣片等缝在服装边缘，或嵌缝在衣身、袖子的某一部位，形成条状或块面状的装饰。嵌，是把绦条、花

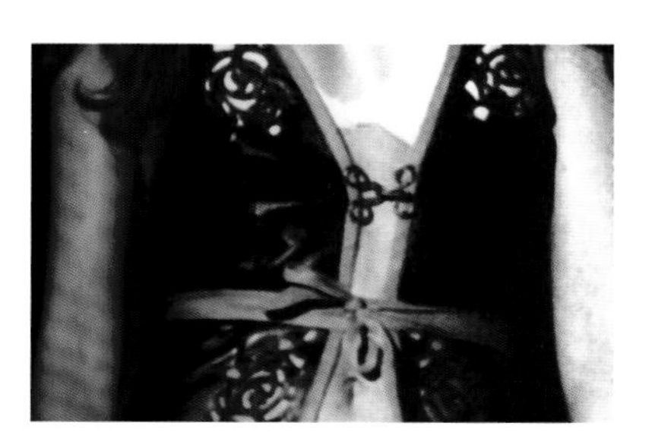

图6-8　贴布绣

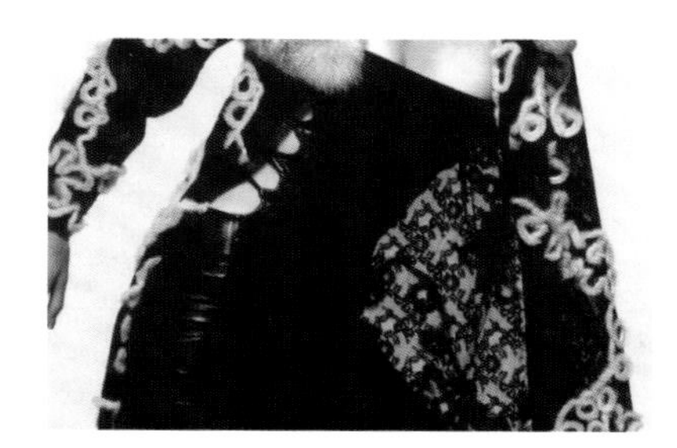

图6-9　钉线绣

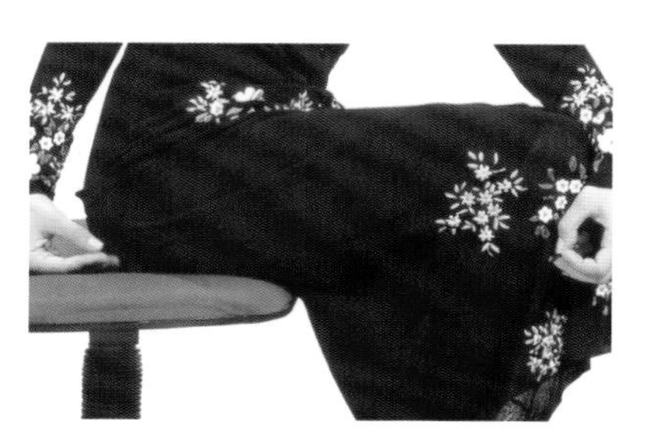

图6-10　绚带绣

图6-11　钉珠绣

图6-12　绗缝

边等卡缝在两片布块之间，形成细条状装饰。镶和嵌既可单独采用也可组合使用，于是出现嵌线镶嵌、花边镶嵌、珍宝镶嵌、绣片镶嵌等多种形式。中国少数民族服饰也喜用镶嵌工艺。

（四）扎结

扎结是把珠子、扣子、棉花团或腈纶棉等填充物放在较为柔软的面料下面，再在面料的正面进行系扎或缉线，使平整的面料表面产生放射状的褶皱或凸起的浮雕效果。

（五）抽纱

抽纱是刺绣的一个特殊品种，它是在古老民间刺绣的基础上，吸收欧式花边技艺而发展起来的。

对于纹理明显、纱支较粗的亚麻或棉平纹织物，根据需要将部分经纱或纬纱抽去，形成透视的镂空效果；在经纬纱向均抽去，形成格子的镂空效果；在布料的边缘沿一个方向抽去纱线，形成流苏效果；将经纬纱不规则抽取，形成特殊图案（图6-14）。

随着工艺的革新，现有抽纱制品早已超出原来的含义，但习惯上仍统称“抽纱”或“花边”。抽纱常与其他面料再造设计方法组合使用，如抽纱后刺绣、贴补、连缀、穿插绳带等。

抽纱具有独特的网眼效果，呈现虚实相间，隐隐约约的外观，秀丽纤巧，玲珑剔透，装饰性很强。有时还会露出里面的皮肤色或服装色，加强了服装的层次感。由于抽纱具有一定难度，抽纱图案大多为简单的几何线条与块面，作为精致细巧的点缀。

（六）镂空

镂空是以人工或机械方法在纺织品上钻孔而出现孔洞。最初适用于结构紧密、不易脱散的皮革、毛毡类等面料。随着科技进步，模仿剪纸艺术效果，将皮革或一些不易脱散的机织面料利用激光镂空和切割成具有镂花、镂孔、镂格、镂空盘线等空透效果（图6-15）。越来越多的材料可使用镂空方法，如纱类等普通的轻薄化学纤维面料。镂空常用于外套、衬衫和裙等。

（七）褶皱

褶皱是使用外力或热压作用使面料产生多种褶皱造型，改变原有的平整外观，产生强烈的视觉和触觉肌理和立体效果（图6-16），形成褶皱的工艺手法有抽、折、扎压等。

1. 抽褶

抽褶是将面料单向抽缩产生较单一褶皱效果的技艺形式。通用线或松紧带使面料形成无规律的皱缩，营造唯美、浪漫、优雅的风格，常用于女裙和礼服上的袖口、肩部和腰部等。

2. 缩缝

缩缝是将面料多向缝缩产生丰富褶皱效果的技艺形式。

3. 折缝

折缝是将面料折叠并以一定的间隔缉缝，使折痕竖起而产生立体造型的技艺形式。

4. 打褶

打褶是在薄软的服装面料上以一定的间隔，从正面或反面捏出有规律或无规则的细褶，然后通过手缝以实现立体的褶皱肌理效果，较多地用于女装的外套、裙和衬衫。

5. 压褶

压褶是根据服装面料的热塑性，

图6-13 缀饰

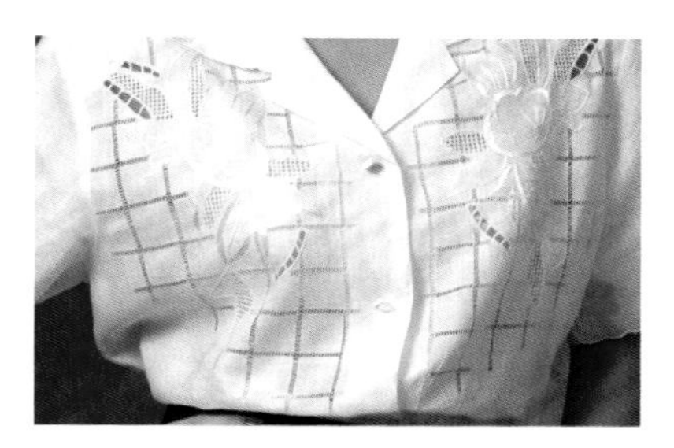

图6-14 抽纱

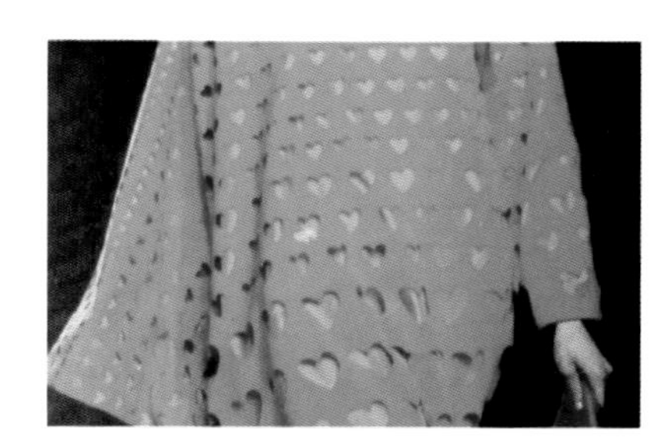

图6-15 镂空

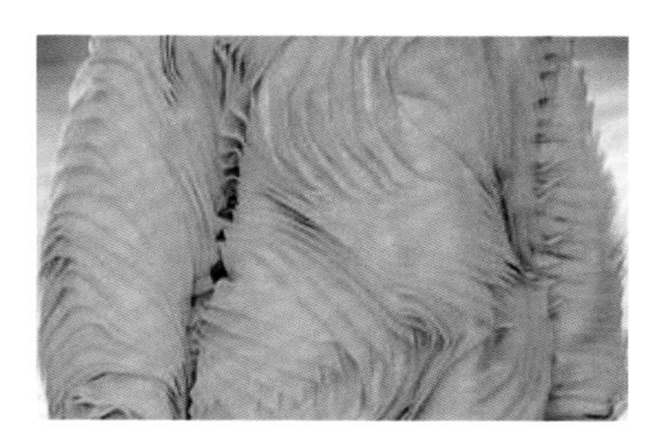

图6-16 褶皱

通过挤、压、拧、扎、结等变形处理方法使面料形成褶皱，然后再对面料进行加热加压热定型处理，使面料形成自然且稳定的褶皱。

（八）折叠

折叠是指将面料折叠产生层叠的效果，呈现立体形态。通过将不同色彩和材料的服装面料折叠在一起会产生浓郁的民族风情（图6-17）。

（九）造花

造花是采用缎带或面料制成立体花饰以线缝缀在面料上。造花面料一般采用绸、纱、绡等丝型织物及轻薄的棉布，广泛用于时装、礼服、晚装的点缀（图6-18）。

（十）拼接

拼接是将不同色彩的布料裁剪成各种形状拼接在一起，形成一定图案的手工艺技法。如果将不同质感、光泽、色彩的材料拼接在一起，如皮革与毛皮、缎面与纱等，会产生单一面料无法达到的效果，增加设计的高档感，具有独特的视觉风格（图6-19）。拼接多用于女装的外套、裙、礼服和室内装饰。

（十一）编结

编结是将纤维制成的质地、色彩、形状相同或不同的线、绳、带、花边等使用相同或不同的针法或编结技法，运用棒针及钩针或手缠绕盘结，获得所需的纹样及肌理效果编织物（图6-20），使其发生从线到面的形态变化。作为服装的整体或局部或边缘装饰，其色彩、图案、肌理、质感等具有变化莫测的效果，改变服装风格或装饰服装，既有视觉美感，又有触觉肌理效果，广泛用于大衣、外套、内衣、裙及室内家居用品等。

（十二）堆叠

堆叠是通过采用同种面料或多种面料堆积、叠加在基础面料上，形成一种重叠又互相渗透、虚实相间的立体效果。不同层的面料具有粗细、凹凸的质感对比，使服装产生丰富的层次感、丰满感和重量感。常用于婚纱、礼服、个性女装等装饰感要求较强的服装。

目前，对服装面料进行再造设计时，根据服装设计风格、面料质地及造型等的不同，常运用多种面料再造设计技法进行综合再造设计，增加服装的附加价值，这是面料及服装再造设计的发展趋势。

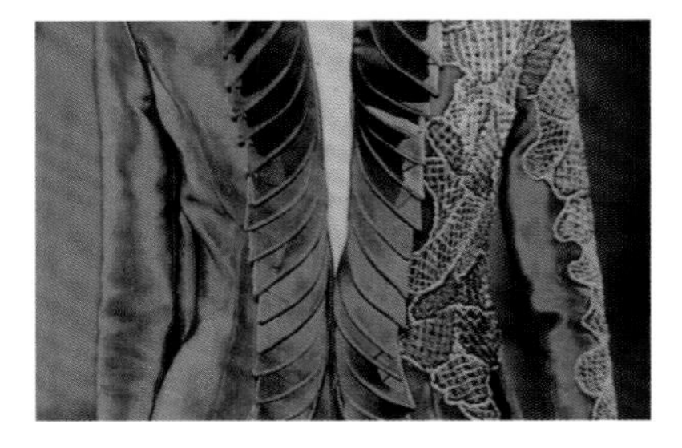

图6-17　折叠

图6-18　造花

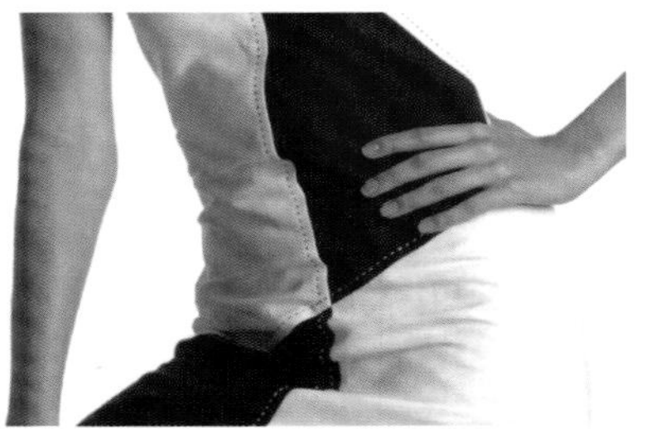

图6-19　拼接

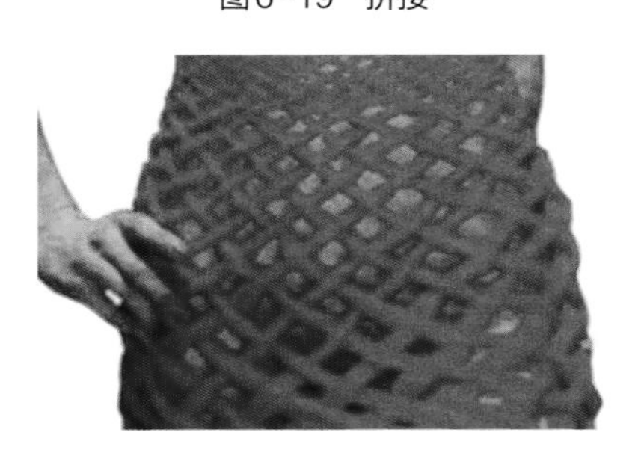

图6-20　编结

习题与思考题

1. 如何理解服装面料再造设计的意义？
2. 了解服装面料再造设计的常用手法。

CHAPTER 7

第七章

服装材料的外观识别与选择运用

第一节　服装材料的外观识别

纺织服装材料的外观特征材料的合理使用、服装的款式体现和穿着效果。外观识别包括织物正反面识别、经纬向的识别和倒顺向的识别。

一、织物正反面的识别

服装在排料、裁剪和缝制加工时必须注意织物的正反面。因为正反面的色泽深浅，图案清晰、完整程度，织纹效果等均有一定差异，如识别错误，会影响美观。常见识别方法如下。

（一）根据织物的组织特征识别

1．平纹织物

素色平纹织物正反面无明显区别，较平整光洁，色泽匀净鲜艳的一面为正面。

2．斜纹织物

单面斜纹正面斜向纹路明显清晰，反面平坦模糊。对于双面斜纹，一般纱斜纹正面为左斜纹，线斜纹正面为右斜纹。

3．缎纹织物

平整、光滑、明亮、浮线长且多的一面为正面。

4．其他组织织物

一般正面花纹较清晰、完整、立体感强，浮线较短，布面较平整光洁。

（二）根据织物的外观效应识别

对于印花、轧光、轧纹、烂花、剪花、起绒、毛圈、植绒等外观特征的织物，花纹清晰、光泽好、色彩鲜艳、外观特征明显的一面为正面。

（三）根据织物的布边识别

一般织物布边平整、光洁的一面为正面；边上有针眼，凸出的一面为正面；边上织有或印有文字，清晰、正写的一面为正面。

（四）根据织物的商标识别

内销织物的反面有商标等，外销织物的正面有商标等。

（五）根据织物的包装识别

一般双幅织物对折在里面的一面为正面，单幅织物卷在外面的一面为正面。

多数织物的正反面差别明显，较易识别。而有些织物的正反面几乎无差别，两面均可用于服装的正面。还有些织物的两面各具特色，可据服装风格的要求和穿着者的喜好决定其正面，也可两面相间使用，别具一格。如绉缎、互补色提花面料、针织绒布、驼丝锦、缎背华达呢等。设计者可以根据自己的设计意图决定织物的正反面，只要露在外面的一面外观能达到设计要求，不影响服用性能即可。

二、织物倒顺向的识别

有些织物有倒顺向，如不注意，制成服装后，会大大影响美观性。常见有倒顺向的织物有以下几种。

（一）绒毛类织物

起绒织物的绒毛有倒顺之分，倒顺绒毛对光线的反射强弱不同，会出现明暗差异，如平绒、灯芯绒、金丝绒、乔其绒、长毛绒和顺毛大衣呢等。一般顺绒毛方向，反光强，色光浅，逆绒毛方向色泽较浓郁、深沉、润泽。用手抚摸织物表面，绒毛倒伏顺滑的方向为顺毛、顺绒。排料时应注意绒毛类织物的绒毛倒顺方向。

（二）闪光类织物

有些闪光织物有倒顺向，各方向光泽效应不同，有强有弱，倒顺方向使用不当会影响服装的整体效果。

（三）不对称条格和图案织物

有些印花或色织织物的花型图案有方向性、有规则、有一定的排列形状，如倒顺花、阴阳格或条、团花等及人像、山水、建筑、树木、轮船等，排料时需要识别倒顺，否则在视觉上会不协调。

（四）针织物

针织物有顺编织方向和逆编织方向，有些织物在外观上线圈结构倒顺明显，可据需要顺或逆向使用。

三、织物经纬向、纵横向的识别

织物的经纬向、纵横向在外观、性能上存在一定差别，如图案、条格等外观及延伸、悬垂等性能。

（一）机织物经纬向的识别

1. 根据布边

有布边的织物，与布边相平行的方向，即匹长方向为经向；与布边相垂直的方向，即幅宽方向为纬向。如果织物已没有布边，则可以根据以下方法识别。

2. 根据伸缩性

除经向弹性织物和一些特殊组织的织物外，一般织物斜向伸缩性最大，纬向伸缩性较大，经向较小。

3. 根据经纬密度

一般织物的经密大于纬密。

4. 根据纱线结构

若织物的一个方向为股线，另一个方向为单纱，则股线一方为经向。若织物经纬向的纱线粗细不同，一般细者为经向，粗者为纬向；若织物经纬向的纱线捻度不同，一般捻度大者为经向，捻度小者为纬向，绉类例外。

5. 根据浆纱

一般织物的浆纱方向为经向。

6. 根据筘路

若织物上有明显的筘路，则筘路方向为经向。

7. 毛巾织物

织物毛圈纱的方向为经向。

8. 纱罗织物

纱罗织物绞经方向为经向。

9. 条子、格子织物

织物的条纹、格型略长的方向为经向。

（二）针织物纵横向的识别

1. 纬编针织物

线圈串套的方向为纵向，延伸性好、可拆的方向为横向。横机织物的布边方向为纵向，圆机织物的筒向为纵向。

2. 经编针织物

平行纱线方向为纵向；布边方向为纵向。

第二节　服装材料的选择与运用

一、服装材料与服装风格

服装的风格是表示服装内涵和外延的一种方式，不同的服装风格应采用不同的服装面料。按服装风格可分为正统古典、华丽高雅、柔美浪漫、优雅精致、闲适随意、休闲粗犷、都市、田园及前卫风格等几种。

（一）正统古典风格

正统古典风格是指传统的、保守的、端庄大方的、受流行影响较少的、能被大多数人接受的，讲究穿着品质的服装风格。其最具代表的是传统的西式套装。

服装色彩多以藏蓝、酒红、墨绿、宝石蓝、紫色等沉静、高雅、大方的古典色为主。面料多选用传统的单色、条纹及格子精纺面料。设计中有时出现局部印花和绣花，常与领饰、胸花、礼帽、正规包袋等搭配，以体现设计的含蓄和内敛。款式多由套装、衬衫、小礼服以及风衣等正装组成，可体现严谨、高雅的气质。

（二）华丽高雅风格

华丽高雅风格是指高雅而含蓄、不受流行左右、格调高雅的服装风格。多以女性自然天成的完美曲线为造型要点，通过廓型、结构、材质、色彩、装饰、工艺等表现出成熟女性脱俗、优雅、稳重的气质和风范，其最具代表的是女晚礼服。

该风格服装色彩多柔和，面料常采用塔夫绸、天鹅绒、金银丝绒、绸缎、绉绸、乔其纱等具有高贵品质感、华丽古典风格、花纹精细、柔软光亮的丝绸面料及蕾丝等，再配合刺绣、镶嵌等精致的手工技艺，营造格调高雅的古典风格。

（三）柔美浪漫风格

柔美浪漫风格是指甜美、柔和、轻盈、富于梦幻的纯情浪漫的服装风格。贴体的款式设计，整体线条的动感表现，柔软、流动的长线条使服装能随着人的活动而显现出流动、飘逸之感，浅淡柔和、纯净妩媚的色彩，女性特征的花纹图案，轻薄柔软飘逸或悬垂、华丽透明的面料，能表现出女性的柔美，天真可爱的少女形象或大胆性感的成熟女性风格。其最具代表的是婚纱。

面料以白色、粉红色为主，黄、浅紫和紫色也较为常用，面料选择平滑光亮、薄而透明、柔软飘逸的乔其纱、雪纺等丝型面料或悬垂的天鹅绒等及蕾丝等。局部细节常采用波形褶边、花边、绲边、抽褶、镶饰、刺绣、蕾丝饰边等手工技艺进行装饰，以充分表现女性柔美与浪漫。

（四）优雅精致风格

优雅精致风格的服装来源于西方服饰风格，具有较强的女性特征，具有时尚、华丽、成熟的服装风格。它强调精致感觉，讲究细部设计，装饰比较女性化。该风格的服装讲究外轮廓的曲线，多顺应女性身体的自然曲线，比较合体，能表现出成熟女性脱俗考究、优雅稳重的气质风范。

服装色彩多以轻柔色调和灰色调为主。选择较高档的传统高级及高科技面料，再配合工艺线、花边、珠绣等。

（五）闲适随意风格

都市人沉湎于快节奏的紧张工作，渴望着放松、无拘无束，离开办公室去吸口清新的空气，穿着柔软、舒适的服装，给人以轻松、自在之感。尤其是青年人更渴望轻松、悠闲、自在的着装。

要表现这类风格和主题的服装，应选择柔软、舒适的针织面料，给人随意的感觉，合体的干净利落，宽松的舒展洒脱；条格、印花、单色的较轻薄柔软的棉平布，织纹细密的麻布，尤其是中特纱的面料，给人闲适、自在之感。

（六）休闲粗犷风格

在豪华精致的大都市中生活的人们更渴望自然、原始、返璞归真的浪漫情感，更渴望轻松、自我、无所顾忌的服装，穿着休闲风格的服装给人以宽松随意与轻松惬意之感，充满青春活力。休闲风格多以中性休闲风格居多，外轮廓简单，线条自然，装饰运用不多而且面料肌理感强，搭配随意多变，年龄层跨度较大，可适应多个阶层日常穿着。

要表现这类风格的服装，应选择自然朴素无华的棉、麻等天然纤维素纤维面料，一般纱线较粗，织纹清楚，具有粗犷豪放的外观风格，经过水洗、砂洗的面料更能体现出其亲切、舒适的手感和陈旧的外观风格。如各种花色品种的牛仔布、不同粗细条纹的灯芯绒、色织彩格绒布、磨绒卡叽布、麻布、帆布、粗纺呢绒、针织绒衫裤及粗纺提花毛衫等。

（七）都市风格

都市风格是与现代化大都市的氛围最为贴近，具有都市情调，富有时代内涵，机能性强，脱俗、考究、冷静的服装风格，风格介于休闲和正装之间，它与大都市的建筑、道路、现代化的景物以及快节奏的生活方式相呼应，造型简洁、线条利落、剪裁精细、做工考究、款型合体，穿着者年龄跨度较广，没有强烈的个性，体现出了现代化都市的节奏及时代感。

服装多采用黑、白、灰等色，一般应用凡立丁、派力司、花呢、哔叽、啥味呢、驼丝锦、贡呢、麦尔登等色光优雅、布面平整细洁的精、粗纺面料，低特高密的产品更有高档感，是典型的大众流行风格。

（八）田园风格

繁华城市的喧嚣以及生活的快节奏给人们带来紧张和压力，使人们崇尚自然、追求平静单纯的生活。田园风格具有一种纯净、原始、纯朴自然的美。田园风格的服装以明快清新、乡土风味为主要特征，多宽大舒松、自然随意。

常采用棉、麻、丝等天然纤维面料，常以大自然的花朵、树木、蓝天和大海等自然景物共同组成图案，如带有小方格、条纹、碎花图案的纯棉面料，棉质蕾丝花边、镂空面料，采用泡泡袖、荷叶边、蝴蝶结、各种植物纤维宽条编织的饰品，充满轻松恬淡、悠闲浪漫的色彩。

（九）前卫风格

前卫风格追求标新立异、反叛形象的刺激，是个性较强的服装。多出现不对称的结构和装饰，局部设计灵活多变、夸张。

服装多以使用灰暗低沉或嚣张宣泄的色彩，选择一些新颖奇特的面料，如各种真皮、仿皮、牛仔、上光涂层、哑光涂层及高科技的面料等，增加金属、塑料等非纺织材料，常采用喷绘、毛边、做旧、挖洞、打铆钉、磨砂、抽纱及镂空等装饰手法。

二、服装材料与服装造型

有人将服装设计喻为服装材料的雕塑，服装材料则体现了服装造型。

（一）飘逸与悬垂的服装造型

柔软飘逸的服装，如飘逸的裙子，应选择轻薄柔软的面料，如雪纺、电力纺等。柔软悬垂的服装，如大摆裙、甩浪领、波浪袖等，应选择柔软、悬垂性好的面料，如真丝、人造纤维的丝型面料及针织面料等。

（二）工整平直的服装造型

工整平直风格的服装，如短裙、套装、西装、西裤、大衣等，应选择平整、丰满、身骨较好的面料，如精纺花呢、华达呢、啥味呢及粗纺花呢、麦尔登、法兰绒等。

（三）平面中式的服装造型

平面造型的服装，如中式袄衫、连袖衫等，应选择轻薄柔软的面料。

（四）合体紧身的服装造型

合体紧身的服装，应能充分展示人体曲线并满足活动自如的需要，应选择伸缩性较好的面料，如针织面料及含有氨纶的弹力面料。

（五）宽松的服装造型

宽松的服装，要使服装造型自然，穿着舒适，应选择质地较柔软的面料。

三、不同风格服装材料在服装设计中的运用

（一）光泽感较强的面料

光泽感较强的面料，如丝型织物中的锦、缎，棉型织物中的贡缎，丝光织物，金属色、荧光色涂层织物，轧光织物及金银丝夹花织物等（图7-1），有富丽华贵、前卫刺激之感，在光线照耀下具有强反光，故适用于晚礼服、表演服、社交服装、青春型服装等，适宜体型窈窕者。

（二）光泽感较弱的面料

光泽感较弱的面料，如各种短纤维的平纹、斜纹、绉组织织物等，以及磨绒或拉毛较短的织物（图7-2），自然朴素，稳重大方，适用于生活装。

（三）挺括平整的面料

手感较挺、身骨较好的面料，如粗厚的毛型织物、较厚的牛仔及涂层织物等（图7-3），适宜制服套装、西服等款式。较瘦或体型不理想的人穿着，能起到一定的调节作用。

（四）柔软悬垂的面料

柔软悬垂的面料，如软缎、丝绒、针织、松结构的女衣呢等（图7-4），能较好地表现人体曲线，宜用于各类女装，如长裙、大衣等，适合体型匀称者。

（1）涂层织物

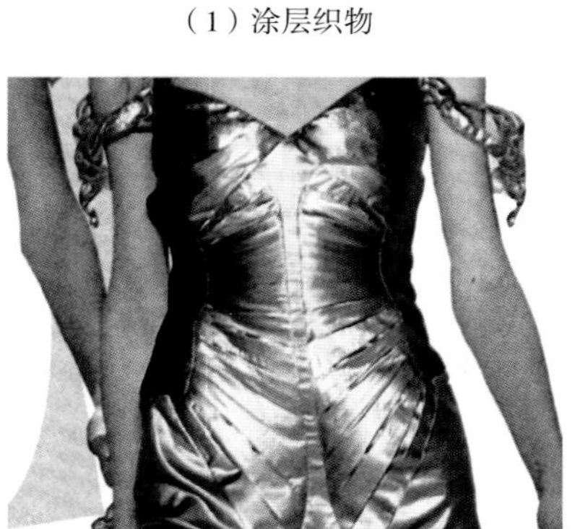

（2）金属色面料

图7-1 光泽感较强的面料

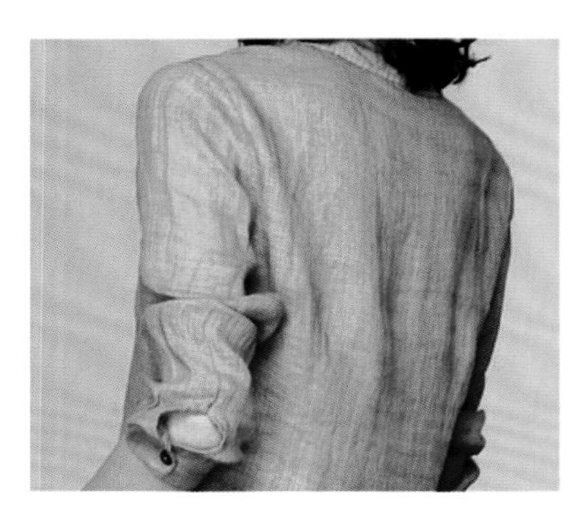

（1）纯麻面料

（2）纯棉面料

图7-2 光泽感较弱的面料

（1）双面大衣呢

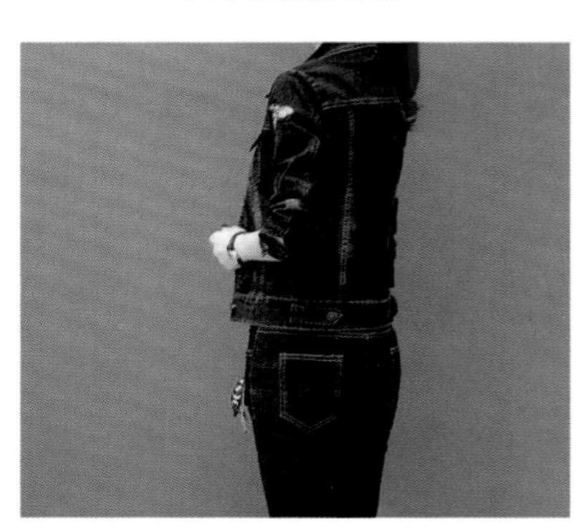

（2）牛仔面料

图7-3 挺括平整的面料

（五）薄而透明的面料

薄而透明的面料，如乔其纱、巴厘纱、尼龙抽纱、烂花织物、蕾丝织物等（图7-5），有朦胧神秘之感，装饰性很强，适用于礼服、披纱或装饰性强的流行服装等。体胖与过瘦者不宜设计成紧身式样，易暴露不足。

（六）伸缩性好的面料

伸缩性好的面料，如氨纶织物及针织织物等（图7-6），适用于外衣、内衣、毛衣、健美裤、运动服等，可与皮革组合，适合各种体型者。

（七）厚而重的面料

厚而重的面料，如人字大衣呢（图7-7），可用于冬季服装，宜用于体态匀称者，体胖者慎用，有夸张之感，过瘦的体型会产生累赘。

（八）粗厚蓬松的面料

粗厚蓬松的面料，如蓬松的粗花呢、蓬体或绒毛较长的大衣呢、松结构花呢及裘皮等（图7-8），有蓬松、柔软及扩张感，适用于冬季服装或一些服装的局部装饰，但体胖者慎用。

（九）肌理感较强的面料

肌理感较强的面料，如各种提花、花式纱线、轧绉、割绒、植绒、烂花绒、满地绣花、绗缝织物等（图7-9），适用于各种时装。

（十）光洁细腻的面料

光洁细腻的面料，如府绸、精纺毛织物及超细纤维织物等（图7-10），有高档及品位之感，适用于正式场合的服装。

图7-4　丝绒面料

图7-5　透明网纱

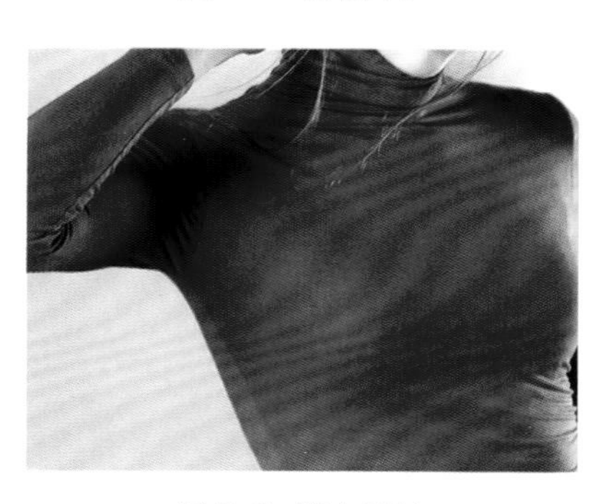

图7-6　弹力面料

图7-7　人字大衣呢

图7-8　蓬松的粗花呢

图7-9　绣花面料

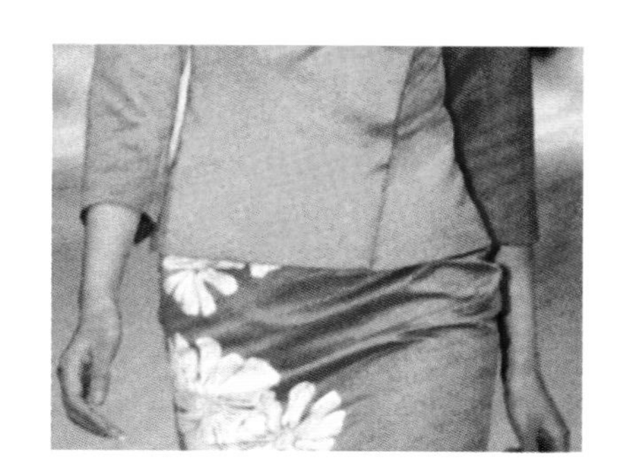

图7-10　光洁细腻面料

习题与思考题

1. 掌握织物的正反面、倒顺向、经纬或纵横向的识别。
2. 在服装设计中，学会正确地选择与巧妙地运用各种典型风格服装面料。

参考文献

[1] 朱松文，刘静伟．服装材料学[M]．北京：中国纺织出版社，2010.
[2] 姚穆．纺织材料学[M]．3版．北京：中国纺织出版社，2009.
[3]《纺织品大全》(第2版)编辑委员会．纺织品大全[M]．2版．北京：中国纺织出版社，2005.
[4] 濮微．服装面辅材料的选择与应用[M]．上海：中国纺织大学出版社，2000.
[5] 吴微微，全小凡．服装材料及其应用[M]．杭州：浙江大学出版社，2000.
[6] 杨静，秦寄岗．服装材料学[M]．武汉：湖北美术出版社，2002.
[7] 陈丽华．服装材料学[M]．沈阳：辽宁美术出版社，2011.
[8] 潘云芳．染整技术：印花分册[M]．北京：中国纺织出版社，2017.
[9] 郑光洪．印染概论[M]．北京：中国纺织出版社，2017.
[10] 宋广礼，杨昆．针织物组织与产品设计[M]．3版．北京：中国纺织出版社，2016.
[11] 邓玉萍．服装设计中的面料再造[M]．南宁：广西美术出版社，2006.

附录一
各类纺织纤维织物的熨烫温度

单位：℃

纤维名称	直接熨烫温度	垫干布熨烫温度	垫湿布熨烫温度	危险温度	蒸汽烫
麻织物	185 ~ 205	200 ~ 220	220 ~ 250	240	
棉织物	175 ~ 195	195 ~ 220	220 ~ 240	240	
羊毛织物	160 ~ 180	185 ~ 200	200 ~ 250	210	
桑蚕丝织物	165 ~ 185	185 ~ 190	190 ~ 220	200	
柞蚕丝织物	155 ~ 165	175 ~ 185	185 ~ 210	200	不可喷水
黏胶织物	160 ~ 180	180 ~ 200	200 ~ 220	200 ~ 230	
涤纶织物	150 ~ 170	180 ~ 190	200 ~ 220	190	
锦纶织物	125 ~ 145	160 ~ 170	190 ~ 220	170	
维纶织物	125 ~ 145	160 ~ 170	不可	180	不可喷水
腈纶织物	115 ~ 135	150 ~ 160	180 ~ 210	180	
丙纶织物	85 ~ 105	140 ~ 150	160 ~ 190	130	
氯纶	45 ~ 65	80 ~ 90	不可	90	
氨纶	90 ~ 100				130

附录二
服装材料词汇中英文对照

服装材料 clothing materials

1. 纤维

(1)天然纤维

天然纤维 natural fiber

植物纤维 plant fiber

纤维素纤维 cellulosic fiber

棉 cotton

天然彩棉 natural colored cotton

有机棉 organic cotton

苎麻 ramie

亚麻 flax

罗布麻 bluish dogbane

大麻 hemp

黄麻 jute

蓖麻 castor

竹纤维 bamboo

剑麻 sisal

蕉麻 abaca

菠萝叶纤维 pineapple leaf fiber

椰壳纤维 coir

动物纤维 animal fiber

蛋白质纤维 protein fiber

桑蚕丝 silk

柞蚕丝 tasar

蓖麻蚕丝 eria silk

木薯蚕丝 cassava silk

双宫丝 doupioni silk

绢丝 spun silk(yarn)

䌷丝 noil yarn

绵羊毛 wool

美利奴羊毛 merino wool

山羊绒 cashmere wool / hair

马海毛 mohair wool / hair

羊驼毛 alpaca wool / hair

骆马毛 vicuna wool / hair

牦牛毛或绒 yak wool / hair

兔毛 rabbit hair

安哥拉兔毛 angora hair

骆驼毛或绒 camel hair

(2)化学纤维

化学纤维 chemical fiber

再生纤维 regenerated fiber

黏胶纤维 viscose fiber

莫代尔纤维 modal fiber

莱赛尔纤维 lyocell fiber

天丝 tencel

醋酯纤维 acetate

三醋酯纤维 triacetate

铜氨纤维 cuprammonium fiber

甲壳素纤维 chitin fiber

海藻纤维 alginate fiber

合成纤维 synthetic fiber

聚酯纤维(涤纶) polyester fiber

聚酰胺纤维(锦纶、尼龙) polyamide fiber / nylon

聚丙烯腈纤维(腈纶) acrylic

聚丙烯纤维(丙纶) polypropylene

聚乙烯醇纤维(维纶) vinylal

聚氯乙烯纤维(氯纶) chlorofiber

聚氨酯弹性纤维(氨纶、莱卡) elastance fiber / spandex fiber(lycra)

聚乳酸纤维 polylactide fiber

芳香族聚酰胺纤维(芳纶) aramid fiber

无机纤维 inorganic fibers

碳纤维 carbon fiber

玻璃纤维 glass fiber

金属纤维 metal fiber

陶瓷纤维 ceramic fiber

长丝 filament

人造短纤维 staple fiber

超细纤维 superfine fiber/microfiber

纳米纤维 nanofibers

异形(截面)纤维 profiled fiber

中空纤维 hollow fiber

复合纤维 composition fiber

皮芯型复合纤维 sheath-core composition fiber

并列型复合纤维 side-by-side composition fiber

裂片型复合纤维 split composition fiber

海岛型复合纤维 sea-island composition fiber

高性能纤维 high performance fiber

功能纤维 functional fiber

阻燃纤维 flame resistant fiber

发光纤维 luminescent fiber

蓄热纤维 heat accumulating fiber

防电磁辐射纤维 radiation resistant fiber

光导纤维 optical fiber

抗紫外线纤维 ultraviolet resistant fiber

抗静电纤维 antistatic fiber

导电纤维 electric conducting fiber

抗微生物纤维 anti-microbial fiber

导湿纤维 moisture conducting fiber

吸湿纤维 hydroscopic fiber

高吸水纤维 water absorbing fiber

水溶性纤维 water soluble fiber

智能纤维 intelligent fiber

智能变色纤维 intelligent discoloration fiber

光敏变色纤维 chameleon fiber

热敏变色纤维 polychromatic fiber

调温纤维　thermoregulation fiber
形状记忆纤维　shape memory fiber
自修复纤维　self-repairing fiber
生物基化学纤维　bio-based fiber
生物基再生纤维　regenerated bio-based fiber
生物基合成纤维　synthetic bio-based fiber
海洋生物基纤维　marine bio-based fiber
循环再利用化学纤维　recycled fiber

2. 纱线

纱线　yarn
纺纱　spinning
短纤维纱线　staple yarn
单纱　single yarn
股线　ply yarn
长丝纱　filament yarn
单丝　monofilament yarn
复丝　multifilament
纱支　count
细度　fineness
公制支数　metric counts
英制支数　English counts
旦尼尔　denier
特克斯　tex
加捻　twisting
捻度　twist
捻向　twist direction
纯纺纱线　pure yarn
混纺纱线　blended yarn
粗梳（棉）纱　carded yarn
精梳（棉）纱　combed yarn
粗梳毛纱　woolen yarn
精梳毛纱　worsted yarn
丝光纱线　mercerized yarn
变形纱线　textured yarn
包芯纱　core-spun yarn / core yarn
包缠纱　wrapped yarn
花式纱线　novelty yarn / fancy yarns
彩虹纱/渐变纱　rainbow yarn
彩点纱　kinckebocker yarn/ speck yarn
大肚纱　big-belly yarn
竹节纱　slub yarn
结子纱　nep yarn
圈圈纱　boucle yarn/loop yarn
羽毛纱　feather yarn
牙刷纱　tooth brush yarn
雪尼尔纱　chenille yarn
辫子线　snarly yarn
蜈蚣纱　centipede like yarn
带子纱　tape yarn
拉毛纱　napped yarn/brushed yarn

3. 织物种类与结构规格

机织物　woven fabric
针织物　knitted fabric
编织物　braided fabric
非织造布　nonwovens
复合织物　composite fabric
织造　weave
经纱　warp end/warp yarn
纬纱　weft/filling yarn
交织　interweave / interlace
织物规格　fabric specification
织物成分　fabric composition
织物密度　fabric count
织物紧度　fabric tightness
织物厚度　fabric thickness
织物重量　fabric weight
织物长度　fabric length
织物幅宽　fabric width
纯纺织物　pure yarn fabric
混纺织物　blended fabric
交织织物　mixed fabric
单纱织物　single yarn fabric
全线织物　full thread fabric
半线织物　semi-thread fabric
原色织物　gray goods
漂白织物　bleached fabric
染色织物　dyed fabric
色织织物　yarn-dyed fabric
提花织物　jacquard fabric
印花织物　printed fabric
整理织物　finishing fabric
织物结构　fabric construction
织物组织　fabric texture
基本（原）组织　basic weave
变化组织　derivative weave
联合组织　composed weave
平纹组织　plain weave
斜纹组织　twill weave
经面缎纹组织　satin weave
重平组织　rib weave
方平组织　basket weave
加强斜纹　reinforced twill
复合斜纹　combination twill
条格组织　striped and checked weave
绉组织　crepe weave
蜂巢组织　honeycomb weave
透孔 / 假纱罗组织　mock leno
凸条组织　pique weave
双（多）层组织　double weave
纬二重组织　double-weft weave
纱罗组织　leno weave/doup weave
提花组织　jacquard weaves
纬编针织物　weft-knitted fabrics
经编针织物　warp-knitted fabrics
平针组织　weft plain stitch / jersey stitch
罗纹组织　rib stitch
双反面组织　purl stitch
双罗纹组织　interlock stitch
集圈组织　tuck stitch
添纱组织　plating stitch
衬垫组织　laid-in stitch
毛圈组织　plush stitch
长毛绒组织　high-pile stitch
编链组织　pillar stitch
经平组织　tricot stitch
经缎组织　atlas stitch

4. 面料

（1）棉麻织物

棉织物　cotton fabric
平布　plain cloth
细纺　cambric
府绸　poplin

麻纱（棉织品） hair cords
巴厘纱 voile
帆布 canvas
卡其 khaki drill
哔叽 serge
棉贡缎 sateen
灯芯绒 corduroy
平绒 velveteen
绒布 flannelette
绉布 crepe
泡泡纱 seersucker
牛津纺（布） Oxford
牛仔布 denim / jean
亚麻布 linen fabric / linen cloth
夏布 grass linen / grass cloth

（2）毛织物

精纺毛织物 worsted fabric
粗纺毛织物 woolen fabric
华达呢 gabardine
单面华达呢 one-side gabardine
缎背华达呢 satin backed gabardine
精纺毛哔叽 worsted serge
凡立丁 valitin
马裤呢 whipcord
派力司 palace
啥味呢 worsted flannel
精纺女衣呢 worsted lady's dress
直贡呢 twilled satin / venetian
精纺花呢 worsted fancy suiting
花呢 fancy suiting
海力蒙 / 人字呢 herring bone
板司呢 basket
麦士林 muslin
麦尔登 melton
绉纹呢 wool crepe
海军呢 navy cloth / navy coating
制服呢 uniform cloth / uniform coating
法兰绒 flannel
女式呢 woollen lady's cloth
粗纺花呢 tweed / costume tweed
雪克斯金 sharkskin
海力斯粗花呢 harris tweed
钢花呢 homespun
羊毛双面呢 double-faced woolen goods
大衣呢 overcoating
拷花大衣呢 embossed overcoating
雪花火衣呢 snowflake overcoating
花式大衣呢 fancy overcoating
立绒大衣呢 raised pile overeoating
顺毛大衣呢 woolen fleece

（3）丝织物

丝织物 silk fabric
驼丝锦 doeskin
绉 crepes
双绉 crepe de chine
顺纡绉 crepon
乔其绉/纱 crepe georgette / georgette
顺纡乔其 crepon georgette
雪纺乔其纱 chiffon georgette
烂花乔其纱 burnt-out georgette
冠乐绉 guanle crepe
缎 satin silks
绉缎 crepe satin
素绉缎 plain crepe satin
花绉缎 brocade crepe satin
交织素软缎 mixed plain satin
交织花软缎 mixed brocade satin
锦 brocades
织锦缎 damask
古香缎 Suzhou brocade
宋锦 Song（dynasty）brocade
云锦 Yun（Nanjing）brocade
蜀锦 Shu（Sichuan）brocade
壮锦 Zhuang（nationality）brocade
苗锦 Miao（nationality）brocade
傣锦 Dai（nationality）brocade
绡 sheer silks
烂花绡 burnt-out sheer
天鹅绒 velvet / velour
乔其绒 georgette velvet
金丝绒 velvet / pleuche
利亚绒 ria velvet
烂花丝绒 burnt-out velvet
烂花乔其绒 burnt-out georgette velvet
纱 gauze siliks
香云纱/莨纱/莨绸 gambiered canton gauze
罗 leno silks
杭罗 Hangzhou leno
葛 poplin grosgrain
花文尚葛 Wen Shang jacquard silk
文尚葛 Wen Shang silk
呢 crepons
四维呢 mock crepe
绫 twills
斜纹绸 silk twill
美丽绸 rayon lining twill
纺 plain habutai
电力纺 habutae / habutai
洋纺 paj
雪纺 chiffon
杭纺 Hangzhou habutai
绢丝纺 spun silk habotai
绢 / 塔夫绸 taffeta
线绨 bengaline
绸 chou silks
双宫绸 doupioni pongee
绵绸 noil cloth

（4）针织物

纬编针织物 weft-knitted fabric
经编针织物 warp-knitted fabric
经编弹力织物 warp knitted stretch fabric
提花针织物 jacquard knitted fabric
纬平针织物 weft planin-knitted fabric
汗布 single jersey / jersey
罗纹针织物 ribbed knitted fabrics、rib fabric
罗纹布 rib fabric
双罗纹针织物 interlock fabric
棉毛布 interlock
双反面针织物 purl fabric / pearl fabric
毛圈组织 terry weave
毛圈织物 terry fabric/terry cloth
毛圈针织物 knitted terry
针织起绒织物 knitted fleece
长毛绒织物 high pile fabric
针织长毛绒织物 knitted pile fabric

针织天鹅绒/针织丝绒 knitted velvet
经编天鹅绒 warp knitted velvet
摇粒绒 polar fleece
珊瑚绒 coral fleeee
桃皮绒 peach skin
针织网眼织物 knitted eyelet fabric
经编花边织物 warp knitted lace fabric
单面网眼织物 single tuck knitted fabric
夹层绗缝织物 knitted sandwiched fabric
麂皮绒 suede fabric

5. 裘皮与皮革

裘皮/毛皮 fur
针织人造毛皮 knitted artificial fur
经编人造毛皮 warp knitting fur-like fabric
纬编人造毛皮 weft knitting fur-like fabric
机织人造毛皮 woven artificial fur
人造卷毛皮 artificial curling fur
皮革 leather
粒面革 grain leather
光面革 smooth leather
绒面革 suede leather/napped leather
正绒面革 velvet leather
反绒面革/反毛皮 suede leather/suede
面革 upper leather
剖层革 split leather
皱纹皮革 crinkled leather/shrink leather
搓纹革 shrunk grain leather/wrinkled leather
磨面革 grinding leather
抛光皮革 buffed leather
压花革 embossed leather
珠光革 pearl leather/pearlized leather
水洗皮 washable leather
激光革 laser leather
漆皮 patent leather/enamel leather
猪皮革 pigskin
牛皮革 cattle hide
绵羊革 sheep leather
山羊革 goat leather
鹿皮 deerskin leather / buckskin leather
麂皮 chamois leather
蛇皮 snakeskin leather
鸵鸟皮革 ostrich leather
人造革 artificial leather
合成革 synthetic leather
聚氯乙烯人造革 polyvinyl chloride artificial leather（PVC leather）
聚氨酯合成革 polyurethane synthetic leather（PU leather）
人造麂皮 suede-like fabric
再生革 regenerated leather
辅料 accessories
里料 lining
衬料 interlining
黑炭衬 hair interlining
马尾衬 horsehair interlining
黏合衬 fusible interlining
针织黏合衬 knitted interlining
机织黏合衬 woven interlining
无纺黏合衬 non-woven interlining
垫料 cushioning material
肩垫 shoulder pad
胸垫 bust form / pad
领底呢 under collar pad felt
填料 padding
絮片 wadding
缝纫线 sewing thread
纽扣 button
拉链 zipper

6. 面料性能

服用性能 wear behaviour
舒适性 comfort
吸湿性 hydroscopic property
回潮率 regain
含水率 moisture percentage
保暖性 heat insulating ability
导热性 thermal conductivity
透气性 breathability / air permeability
透湿性 moisture permeability
吸水性 hydroscopicity / water imbibition
手感 handle / handfeel
柔软度 softness
悬垂性 drapability
拉伸性 strenchability
弹力 resiliency / resilience
弹性回复 resilient- elasticity recovery
缩绒性 fulling property
缩水率 washing shrinkage
耐用性 durability
耐热性 heat endurance
热收缩 thermal shrinkage
导电性 electric conductivity
耐光性 light resistance
耐洗性 washability / washing resistance
耐化学品性 chemical proofing
色牢度 colour fastness
耐光色牢度 colour fastness to light
耐汗渍色牢度 colour fastness to perspiration
耐洗色牢度 colour fastness to washing
耐摩擦色牢度 colour fastness to crocking
耐皂洗色牢度 colour fastness to soaping
耐干洗色牢度 colour fastness to dry cleaning
抗蛀性 insect resistance
防霉性 fungus resistance
防皱性/抗皱性 resistance to creasing
防缩性/抗缩性 resistance to shrinkage
免烫整理 wash and wear finish
抗起球性 pilling resistance
防钩丝性 snag-resistance
耐磨损性 abrasion resistance
抗撕裂性 resistance to tearing
抗弯曲性 resistance to bending
抗静电性 antistatic property
抗油性 oil resistance
拒水性 water repellency
抗水性 water resistance

7. 染整

染整 dyeing and finishing
染色 dyeing
涂料 pigment
预处理 pre-treatment

散纤维染色　stock dyeing
毛条染色　top dyeing
原液着色　dope dyeing
纱线染色　yarn dyeing
匹布染色　piece dyeing
成衣染色　garment dyeing
扎染　tie dyeing
蜡染　batik/batik dyeing
印花　printing
直接印花　direct printing
拔染印花　discharge printing
防染（印）印花　resist printing
滚筒印花　roller printing
筛网印花　screen printing
数码喷墨印花　digital ink-jet printing
转移印花　transfer printing
涂料印花　pigment printing
钻石印花　diamond printing
金银粉印花　gold and silver powder printing
珠光印花　pearl printing，nacre printing
夜光印花　luminous printing
荧光印花　fluorescent printing
烂花印花　burn-out printing
发泡印花　foaming printing
植绒印花　flock printing
织物整理　finishing
预缩　pre-shrinking
丝光　mercerization
热定型　heat setting
风格整理　style finish
轧光整理　calendering finish
轧花整理　embossing finish
褶皱整理　crease finish
起绉整理　wrinkling finish
起绒整理 / 拉绒整理　raised finish
起绒整理 / 仿麂皮　sanding finish
剪毛整理　shearing finish
植绒整理　flock finish
桃皮绒整理　peach skin finish
仿麂皮整理　suede-like finish
水洗　washing
砂洗　sand washing
石磨水洗　stone washing
功能整理　functional finish
涂层整理　coating finish
洗可穿　wash and wear finish
防毡缩整理　anti-felting finishing
防缩整理　anti-shrinking finish
防皱整理　crease-resist finish
防起球整理　pill-resistant finish
易去污整理　soil release finish
防水整理　water proof finish
拒水整理　water repellent finish
防油整理　oil- resist finish
抗菌整理　anti-bacterial finish
防蛀整理　mothproof finish
抗静电整理　antistatic finish
阻燃整理　antiflaming finish
防钩丝整理　anti-snag finish
防紫外线整理　anti-ultraviolet finish